生态环境监测与管理

葛玉洁 蓝春燕 邱晨 著

哈尔滨出版社

图书在版编目（CIP）数据

生态环境监测与管理／葛玉洁，蓝春燕，邱晨著.
哈尔滨：哈尔滨出版社，2025.3. -- ISBN 978-7-5484-8436-3

Ⅰ．X835；X171.1
中国国家版本馆 CIP 数据核字第 2025FQ8689 号

书　名：**生态环境监测与管理**
SHENGTAI HUANJING JIANCE YU GUANLI

作　者：葛玉洁　蓝春燕　邱　晨　著
责任编辑：魏英璐

出版发行：哈尔滨出版社（Harbin Publishing House）
社　　址：哈尔滨市香坊区泰山路 82-9 号　邮编：150090
经　　销：全国新华书店
印　　刷：北京鑫益晖印刷有限公司
网　　址：www.hrbcbs.com
E - mail：hrbcbs@yeah.net
编辑版权热线：（0451）87900271　87900272
销售热线：（0451）87900202　87900203

开　　本：787mm×1092mm　1/16　印张：11.5　字数：181 千字
版　　次：2025 年 3 月第 1 版
印　　次：2025 年 3 月第 1 次印刷
书　　号：ISBN 978-7-5484-8436-3
定　　价：58.00 元

凡购本社图书发现印装错误，请与本社印制部联系调换。
服务热线：（0451）87900279

前　言

在当今时代，随着工业化、城市化的加速推进，人类活动对自然环境的影响日益显著。因此，科学、系统地进行生态环境监测与管理，显得尤为关键。生态环境监测，如同大自然的"体温计"与"听诊器"，通过精准的数据收集与分析，揭示出环境质量的现状与变化趋势。它不仅关注空气、水质、土壤等传统环境要素，还涵盖生物多样性、生态服务功能等更为复杂的生态系统层面。借助现代科技手段，如遥感卫星、无人机巡查、物联网传感等，监测工作得以更加高效、全面进行，为环境保护决策提供有力支撑。而生态环境管理，则是在监测数据的基础上，通过合理规划、严格监管与有效治理，实现生态环境的良性循环，要求管理者具备深厚的专业知识、前瞻性的思维以及高效的执行力，以确保自然资源得到合理利用，生态环境得到切实保护。从制定科学合理的环境保护规划，到实施严格的环境准入制度；从加强环境污染防治，到推动生态修复与保护；每一环节都需精心谋划，精准施策，从而提升环境保护的科学化、精细化水平。

本书共分为十个章节，全面涵盖了生态环境监测与管理的关键领域，从第一章至第十章，系统阐述了生态环境管理的目标与原则、监测技术与方法、数据采集与处理、质量评估与报告、规划与战略、污染防治与生态修复、监测网络优化与智能化、科技创新与应用、应急响应与管理，以及教育与公众参与等方面。第一章至第三章聚焦于生态环境监测与管理的基础理论、技术方法及数据处理；第四章至第六章则深入探讨生态环境质量评估、规划制定，以及污染防治与生态修复技术；第七章至第九章关注监测网络的优化、智能化及应急管理体系构建；第十章强调生态环境教育与公众参与的重要性，旨在提升全社会的环保意识与参与度。全书内容丰富，理论与实践并重，为生态环境领域的决策者、管理者及科研人员提供了宝贵的参考。

目　　录

第一章　生态环境监测与管理概述 ·· 1

　　第一节　生态环境管理的目标与原则 ·· 1
　　第二节　生态环境监测与管理的关系 ·· 5

第二章　生态环境监测技术与方法 ·· 8

　　第一节　环境监测的基本分类与标准 ·· 8
　　第二节　大气环境监测技术 ··· 14
　　第三节　水环境监测方法 ··· 18
　　第四节　土壤与固体废物监测技术 ··· 25
　　第五节　生物多样性与生态监测方法 ··· 31
　　第六节　遥感与GIS在环境监测中的应用 ······································· 35

第三章　生态环境数据采集与处理 ··· 39

　　第一节　数据采集策略与工具 ·· 39
　　第二节　数据质量保证与质量控制 ··· 44
　　第三节　数据处理与分析技术 ·· 47
　　第四节　环境监测数据库建立与管理 ··· 52
　　第五节　大数据与人工智能在数据处理中的应用 ······························ 56

第四章　生态环境质量评估与报告 ··· 60

　　第一节　生态环境质量评估指标体系 ··· 60

第二节　生态环境质量综合评价方法 …………………………… 66
　　第三节　评估报告编制与发布 …………………………………… 70
　　第四节　评估结果的应用与反馈 ………………………………… 74

第五章　生态环境规划与战略 ……………………………………… 78
　　第一节　生态环境规划的原则与目标 …………………………… 78
　　第二节　区域生态环境规划方法 ………………………………… 83
　　第三节　生态环境保护战略规划 ………………………………… 87
　　第四节　规划实施与评估机制 …………………………………… 91

第六章　环境污染防治与生态修复技术 …………………………… 96
　　第一节　大气污染防治技术 ……………………………………… 96
　　第二节　水体污染治理与恢复 …………………………………… 102
　　第三节　土壤污染修复技术 ……………………………………… 105
　　第四节　固体废物管理与资源化利用 …………………………… 111

第七章　生态环境监测网络优化与智能化 ………………………… 114
　　第一节　监测网络优化策略 ……………………………………… 114
　　第二节　智能化监测技术应用 …………………………………… 118
　　第三节　监测数据集成与共享平台 ……………………………… 120
　　第四节　网络安全与数据保护 …………………………………… 124

第八章　生态环境科技创新与应用 ………………………………… 129
　　第一节　关键技术研发与突破 …………………………………… 129
　　第二节　科技成果转化与应用示范 ……………………………… 131
　　第三节　创新驱动发展路径 ……………………………………… 134

第九章　生态环境应急响应与管理 ·········· 138

第一节　环境应急管理体系构建 ·········· 138
第二节　环境污染事件快速响应机制 ·········· 142
第三节　生态灾害预警与应急处置 ·········· 147
第四节　事后恢复与重建策略 ·········· 151

第十章　生态环境教育与公众参与 ·········· 156

第一节　环境教育的内容与方法 ·········· 156
第二节　公众参与的途径与机制 ·········· 161
第三节　环境意识增强活动案例 ·········· 166
第四节　媒体与环境信息传播 ·········· 171

参考文献 ·········· 175

第一章 生态环境监测与管理概述

第一节 生态环境管理的目标与原则

一、生态环境管理的主要目标

生态环境是人类赖以生存和发展的各种生态因子和生态关系的总和,是环境受到人类活动影响的产物,涉及水圈、土圈、岩石圈和生物圈等自然环境,同时涉及与人类活动相关的社会环境。因此,生态环境管理的主要目标应着重于围绕着提升环境质量、保护生态系统、促进资源节约和循环利用等这三个方面,如图 1-1 所示。

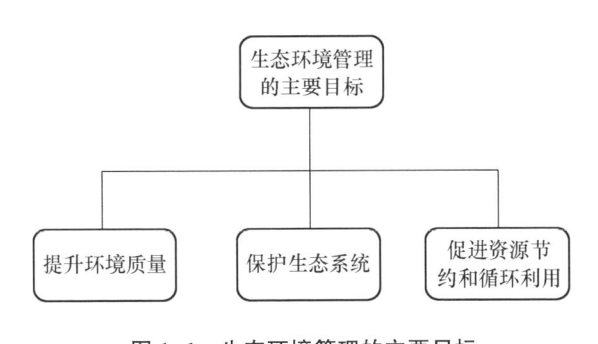

图 1-1 生态环境管理的主要目标

(一)提升环境质量

生态环境管理的首要目标是提升环境质量,这关乎人类生存与发展的根基。大气、水、土壤作为环境的三大基本介质,其质量的优劣直接影响着人类的健康与生态系统的平衡。为了改善大气质量,需要制订并严格执行大气污染防治行动计划,通过控制工业排放、优化能源结构、推广清洁能源等措施,有效降低PM2.5、PM10等颗粒物的浓度,提升空气质量的优良率,让民众呼吸到更加清新的空气。在水污染治理方面,确保饮用水水源地的水质安全是重中之重,通过加强水源地保护、治理工业废水、提升污水处理能力等手段,不断提高地表水和地下水的水质标准,保障人民群众的生命健康。同时,对于土壤质量的改善,需要实施严格的土壤污染防治措施,减少重金属、农药残留等污染物的积累,恢复土壤的生态功能,为农业生产提供安全的土地基础。通过这些综合措施,我们可以逐步提升环境质量,让人民群众在更加美好的环境中生活。

（二）保护生态系统

为了维护生态系统的稳定性,需要加强对自然资源的保护与管理,防止过度开发和无序利用导致的生态破坏。通过实施生态系统保护和修复工程,如植树造林以增加绿色植被覆盖,湿地恢复以维护水文循环和生物多样性,草原治理以防止土地沙化和退化,可以有效提升生态系统的服务功能和自我恢复能力。此外,还需要加强对野生动植物的保护,保护珍稀物种的生存环境。通过这些努力,可以确保生态系统的健康与稳定,为人类社会提供源源不断的自然资源和生态服务。

（三）促进资源节约和循环利用

在资源日益紧张的今天,促进资源节约和循环利用已成为生态环境管理的重要任务。为了实现这一目标,需要大力推广节能减排和资源循环利用技术,提高资源利用效率,降低能源消耗和废弃物排放。相关部门应鼓励企业采用清洁生产技术,通过改进工艺流程、使用环保材料等措施,减少污染物的产生和排放。同时,推动垃圾分类和回收利用也是关键一环,通过提高垃圾回收率、减少垃圾填埋和焚烧量,可以有效减轻对环境的污染压力。此外,还需要加强能源管理,推广可再生能源的使用,减少对化石能源的依赖,降低温室气体排放。通过这些措施的实施,可以实现资源的节约与高效利用,为经济社会的可持续发展奠定坚实基础。

二、生态环境管理的原则

生态环境是人们生存和发展的基本载体,保护生态环境是关系着人们生产生活健康的重大民生工程。因此,在开展生态环境管理过程中,应秉承着协调发展与互惠共赢、依靠科技与创新机制、不欠新账与多还旧账、预防为主与防治结合等主要原则,确保生态环境管理目标的实现,如图1-2所示。

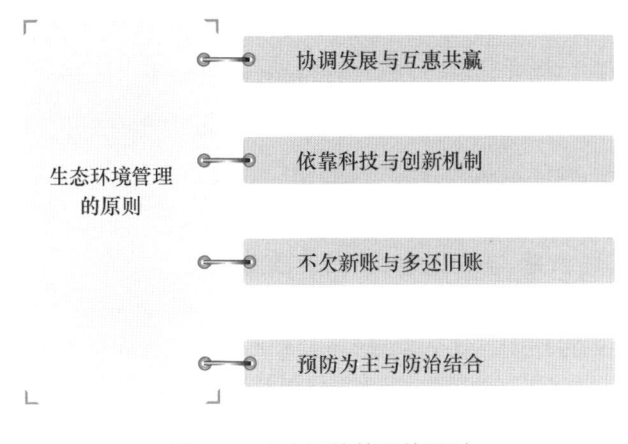

图1-2 生态环境管理的原则

（一）协调发展与互惠共赢

在生态环境管理的宏大画卷中,协调发展与互惠共赢是贯穿始终的核心理念。它强调在推动经济社会快速发展的同时,必须深刻认识到环境保护的紧迫性和重要性,将二者置于同一战略高度,力求实现和谐共生。这不仅要求我们在项目规划时充分考虑生态环境的承载能力,避免以牺牲环境为代价的短期行为,更要在实践中探索绿色、低碳、循环的发展模式。通过优化产业结构,提升资源利用效率,我们能够在保障经济稳健增长的同时,有效减轻对自然环境的压力,实现人与自然的和谐共处。此外,还应倡导全社会形成绿色消费观念,鼓励公众参与环境保护,让每个人都成为生态文明建设的参与者和受益者,共同绘就一幅经济发展与环境保护相得益彰的美好图景。

(二)依靠科技与创新机制

科技进步与创新机制是破解生态环境难题的钥匙。面对日益复杂多变的环境问题,传统的管理手段已难以满足当前需求,必须依靠科技创新的力量,推动生态环境管理向智能化、精细化转变。这要求加大科研投入,鼓励环境科学技术的研发与应用,特别是在环境监测、污染治理、生态修复等领域取得突破性进展。同时,构建多元化的投入机制,吸引社会资本参与环保项目,推动污染治理设施的市场化运营,形成政府引导、企业主体、社会参与的共治格局。通过制度创新,强化环境监管,确保各项环保政策得到有效执行,为生态文明建设提供坚实的制度保障。

(三)不欠新账与多还旧账

在生态环境管理中,"不欠新账,多还旧账"是必须坚持的基本原则。这意味着我们在推动经济社会发展的同时,必须严格控制新增污染,确保所有新建项目均达到或超越环保标准,实现经济发展与环境保护的同步推进。对于扩建和改建项目,同样要实行严格的环境影响评价,确保增产不增污,甚至增产减污。同时,面对历史遗留的环境问题,不能回避,而应勇于担当,积极采取措施进行治理和修复。这包括但不限于对受污染的土地、水体进行整治,恢复生态系统的服务功能,以及对因环境问题受损的群体进行合理补偿。通过这一系列的努力,不仅能够解决当前的环境问题,还能为后代留下一个更加清洁、健康的地球。

(四)预防为主与防治结合

预防为主、防治结合,是生态环境管理中的重要策略。预防工作应置于首位,通过科学预测、风险评估等手段,提前识别潜在的环境风险,并采取相应的预防措施,将环境问题扼杀在萌芽状态。这要求我们建立健全环境监测网络,提高监测预警能力,确保能够及时发现并应对环境问题。同时,对于已经出现的环境问题,不能仅仅停留在治理层面,而应结合防治和综合治理手段,从根本上解决问题。这包括采用先进的污染治理技术,实施生态修复工程,以及推动产业结构调整和转型升级等。通过预防与治理的有机结合,构建一套完整的环境管理体系,有效应对各种环境挑战,保护地球家园的永续发展。

第二节 生态环境监测与管理的关系

一、环境监测是环境管理的基础

(一)生态环境监测是环境管理的技术基石

生态环境监测作为环境管理的重要组成部分,其地位不容忽视。它运用先进的科学技术手段,对大气、水体、土壤等环境要素进行持续、系统的监测,获取第一手的环境数据。这些数据不仅反映了环境质量的现状,更揭示了环境变化的趋势。生态环境监测的技术性体现在其高精度的测量仪器、科学的监测方法以及严谨的数据分析流程上。这些技术手段确保了监测数据的准确性和可靠性,为环境管理提供了坚实的技术基石。通过监测数据的比对和分析,环境管理者能够清晰地了解环境质量的优劣,从而制定出更加科学合理的环境保护政策和措施。

(二)数据支撑是环境管理的决策依据

生态环境监测所获取的数据,是环境管理决策的重要依据。环境监测数据能够直观地反映环境质量的现状,包括污染物的种类、浓度、分布等关键信息。这些数据为环境管理者提供了判断环境质量和污染程度的直接证据。在环境管理过程中,决策者需要根据环境监测数据来评估环境政策的实施效果,调整环境保护策略,以及制定未来的环境保护规划。没有准确、及时的环境监测数据,环境管理决策将失去依据,变得盲目和无效。因此,环境监测数据在环境管理中扮演着至关重要的角色,是决策过程中不可或缺的一环。

二、生态环境管理依赖于生态环境监测

(一)生态环境监测是生态环境监管的基础

在生态环境管理的庞大体系中,环境监管是确保环境质量达标、防止生态破坏的关键环节。而生态环境监测,如同这庞大体系的"眼睛",为环境监管提供了不可或缺的数据支撑。通过实时监测大气、水体、土壤等环境要素的质量状况,生态环境监测能够及时发现环境污染的苗头,为环境监管部门提供准确的预警信息。同时,监测数据也是评估企业排污行为是否合规的重要依据,助力环境监管部门精准打击环境违法行为,维护环境秩序。因此,生态环境监测在环境监管中发挥着基石般的作用,确保了环境监管工作的科学性和有效性。

(二)生态环境监测数据为生态环境管理提供了强有力支撑

环境保护措施的实施效果如何,是生态环境管理工作中的重要关注点。而生态环境监测数据,正是评估这些措施效果的客观标尺。通过对比实施环保措施前后的监测数据,可以直观地反映出环境质量的变化情况,从而判断环保措施的有效性。此外,监测数据还能揭示出环境问题的深层次原因,为环境管理部门制定更加精准的环保策略提供科学依据。因此,生态环境监测数据的准确性和可靠性,直接关系着环保效果的评估结果,是生态环境管理中不可或缺的重要元素。

(三)生态环境监测对于生态环境管理的促进

生态环境监测对于生态环境管理的促进主要表现在两个方面:一方面,生

态环境监测为环境管理提供了数据支撑和决策依据,使得环境管理更加科学、精准;另一方面,环境管理的需求又不断推动着生态环境监测技术的发展和完善。随着环境问题的日益复杂化和多样化,环境管理对监测数据的要求也越来越高。为了满足这一需求,生态环境监测技术不断创新,监测手段更加多样化、智能化,为环境管理提供了更加全面、准确的数据支持。这种互动关系不仅提升了生态环境管理的水平,也为构建绿色、可持续的未来奠定了坚实的基础。通过生态环境监测与管理的紧密配合,有望实现经济发展与环境保护的双赢,共同守护地球家园的美好未来。

第二章 生态环境监测技术与方法

第一节 环境监测的基本分类与标准

一、生态环境监测的主要类型

(一)按照不同生态系统进行划分

1.森林生态监测

森林生态监测是环境监测的重要分支,专注于评估和保护森林生态系统的健康与稳定性。它涉及对森林植被、土壤、水文、气候及生物多样性等多方面的综合监测。通过定期观测林木生长状况、森林覆盖率变化、土壤侵蚀与肥力状况、水源涵养能力以及野生动植物种群动态,森林生态监测为制定科学合理的林业管理政策提供了数据支撑。此外,它还能及时发现森林火灾、病虫害等自然灾害的苗头,为森林保护和恢复提供预警信息。森林生态监测不仅关注自然因素,还考虑人类活动对森林的影响,如采伐、开垦等,从而确保森林资源的可持续利用。

2.草原生态监测

草原生态监测旨在保护和管理广阔的草原资源,防止草原退化和生态失衡。监测内容涵盖草原植被的种类、分布、生长状况,以及土壤侵蚀、水分状况、气候变化等关键生态因子。通过定期监测,可以了解草原生态系统的健康状况,及时发现草原退化、沙化、盐渍化等问题,为草原保护和恢复提供科学依据。同时,草原生态监测还关注草原生物多样性,保护珍稀物种和生态系统服务功能。监测数据有助于制定合理的放牧制度、草原改良措施和生态保护政策,促进草原生态系统的可持续发展。

3.湿地生态监测

湿地生态监测是保护湿地资源、维护湿地生态平衡的重要手段。湿地作为"地球之肾",具有净化水质、蓄洪防旱、调节气候等多重生态功能。监测工作主要包括湿地水文、植被、土壤、水质及生物多样性等方面的观测。通过定期监测,可以掌握湿地生态系统的动态变化,及时发现湿地退化、污染、侵占等问题,为湿地保护和恢复提供决策支持。同时,湿地生态监测还有助于评估湿地生态服务价值,促进湿地资源的合理利用和保护。

4.荒漠生态监测

荒漠生态监测关注干旱、半干旱地区的生态环境状况,旨在防治荒漠化、保护荒漠生态系统。监测内容涵盖荒漠植被、土壤、水文、气候及风沙活动等多个方面。通过定期观测,可以了解荒漠生态系统的稳定性,及时发现荒漠化趋势、土地沙化、水资源短缺等问题,为荒漠化防治和生态保护提供科学依据。荒漠生态监测还关注人类活动对荒漠的影响,如过度放牧、采矿等,从而制定有效的管理措施,促进荒漠生态系统的恢复和可持续发展。

5.海洋生态监测

海洋作为地球上最大的生态系统,其健康状况对人类生存和发展具有重要影响。监测工作涵盖海水水质、海洋生物、海底地形、海洋气象等多个方面。通过定期监测,可以了解海洋生态系统的状况,及时发现海洋污染、生态破坏、海洋灾害等问题,为海洋环境保护和治理提供决策支持。海洋生态监测还有助于评估海洋资源的可持续利用潜力,促进海洋经济的绿色发展。

6.城市生态监测

城市生态监测关注城市化进程中的生态环境问题,旨在提升城市生态环境质量、保障居民健康。监测内容涵盖城市空气质量、水质、噪声、绿化状况、垃圾处理等多个方面。通过定期监测,可以了解城市生态系统的健康状况,及时发现环境污染、生态破坏等问题,为城市环境治理和生态保护提供科学依据。城市生态监测还关注城市生态系统的服务功能,如净化空气、调节气候、提供休闲空间等,从而推动城市生态文明建设,增强城市宜居性。

7. 农村生态监测

农村生态监测关注农村地区的生态环境状况,旨在保护农村生态环境、促进农业可持续发展。监测内容涵盖农田土壤、水质、农作物生长状况、农业面源污染、农村生活垃圾处理等多个方面。通过定期监测,可以了解农村生态系统的健康状况,及时发现环境污染、生态退化等问题,为农村环境保护和治理提供决策支持。农村生态监测还关注农业活动的生态影响,如化肥农药使用、秸秆处理等,从而推动农业绿色发展,促进农村生态系统的良性循环。

(二)按照不同空间尺度进行划分

1. 宏观生态监测

在景观或更大空间尺度上(如区域尺度、全球尺度)监测生态环境状况、变化及人类活动对生态环境的时空影响。宏观生态监测一般采用遥感(RS)、地理信息系统(GIS)以及全球定位系统(GPS)等空间信息技术手段获取较大范围的遥感监测数据,也可以采用区域生态调查和生态统计的手段获取生态地面监测和调查数据。

2. 微观生态监测

监测的地域等级最大可包括由几个生态系统组成的景观生态区,最小也应代表单一的生态类型。微观生态监测多以大量的生态定位监测站为基地,以物理化学或生物学的方法获取生态系统各个组分的属性信息。根据监测的具体内容,微观生态监测又可分为干扰性生态监测、污染性生态监测、治理性生态监测以及生态环境质量综合监测,常用的方法有生物群落调查法、指示生物法、生物毒性法等。

(三)按照不同目的属性进行划分

1. 综合监测

综合监测,顾名思义,旨在全面、系统地掌握生态环境质量的整体面貌。它要求对生态环境的各个要素进行全面监测与调查,通过构建复杂的数学模型,将海量数据转化为量化的生态环境质量指标,进而深入分析环境质量的变化趋势、成因及未来走向。综合监测是生态环境保护的"晴雨表",为公众参与提供了科学依据。

2. 专题监测

专题监测则更加聚焦,它围绕特定的生态问题或资源开发、生态建设、生态破坏及恢复等具体活动展开,旨在评估这些活动对生态环境的具体影响。无论是分析影响范围、程度,还是探究其背后的成因,专题监测都力求精准定位、深入剖析。它如同生态环境保护的"手术刀",精准切割出问题的症结所在,为制定针对性的保护措施、促进生态修复提供了有力的技术支撑。

(四)生态环境监测按照不同技术方法进行划分

1. 生态遥感监测

生态遥感监测,作为现代生态环境监测的重要技术手段,以其独特的优势在宏观监测领域发挥着不可替代的作用。这项技术通过运载工具(如卫星、飞机、无人机等)搭载的高精度传感器,从远处收集生态系统各组分的电磁波信息。这些信息包括地表覆盖、植被生长状况、水体污染、土壤侵蚀等多种生态参数,能够全面反映生态系统的空间分布和动态变化。生态遥感监测的优势在于其覆盖范围广、监测周期短、数据更新快,能够实现对生态环境的大范围、长期、连续监测。通过数据处理和分析,科研人员可以识别生态系统的类型、结构、功能及其变化趋势,为生态环境保护、资源管理和灾害预警提供科学依据。此外,生态遥感监测还能有效评估人类活动对生态环境的影响,如城市化进程中的绿地减少、工业污染物的排放等,为制定科学合理的环境保护措施提供有力支持。

2.生态地面监测

生态地面监测,作为生态环境监测的另一种重要方法,侧重于对特定区域范围内的生态环境进行细致入微的地面测定和观察。这种方法通过设立固定的监测站点或进行移动式监测,利用可比的方法对生态环境或生态环境组合体的类型、结构和功能及其组成要素进行系统的测量和记录。生态地面监测的数据来源丰富多样,包括土壤样品分析、水质监测、植被生长量测定、动物种群调查等,能够全面反映生态系统的微观特征和动态变化。通过长期、连续的地面监测,科研人员可以深入了解生态系统的内部机制,揭示生物系统之间相互关系的变化规律,从而评价人类活动和自然变化对生态环境的具体影响。生态地面监测不仅为生态环境保护提供了翔实的数据支撑,还为生态修复、资源管理和环境规划等提供了科学依据,是推动生态文明建设的重要力量。

二、生态环境监测的标准

(一)监测方法标准

监测方法标准,作为生态环境监测领域的"操作手册",是确保监测数据准确、可靠的关键所在,不仅为监测人员提供了详尽的技术指导,还规定了从样品采集到数据分析的全过程规范,确保每一步都严谨科学。以《环境空气颗粒物(PM2.5)中有机碳和元素碳连续自动监测技术规范》为例,该标准不仅明确了PM2.5中有机碳和元素碳的监测方法,还详细规定了监测设备的性能要求、校准流程、数据处理方法等,确保监测结果能够真实反映空气质量状况。这些标准的制定,离不开科研人员对监测技术的深入研究与实践经验的积累,它们如同监测工作的"标尺",引领着生态环境监测向更加精准、高效的方向发展。在监测方法标准的指导下,监测人员能够严格按照规定进行操作,减少人为误差,提高监测数据的可比性和可信度。同时,随着监测技术的不断进步和环保需求的日益提高,监测方法标准也在不断更新和完善,以适应新的监测挑战。因此,加强监测方法标准的制定与实施,对于提升生态环境监测水平、保障环境安全具有重要意义。

(二)监测频率标准

监测频率标准,是生态环境监测中不可或缺的一环,它决定了对环境要素或污染源进行监测的时间节奏。合理的监测频率,能够确保我们及时捕捉到环境要素的变化趋势,准确评估污染源的排放状况,为环境保护决策提供有力支撑。例如,在空气质量监测中,根据季节变化、气象条件以及污染物的特性,灵活调整监测频率,可以在污染高发期加密监测,及时预警,而在污染较低时则适当减少监测频次,既保证了监测效果,又节约了资源。监测频率标准的制定,需要综合考虑多方面因素,包括环境要素的自然变化规律、污染源的排放特性、监测技术的能力限制以及环境保护的紧迫性等。通过科学分析这些因素,我们可以制定出既符合实际需求又经济合理的监测频率标准。同时,随着环境问题的日益复杂和监测技术的不断进步,监测频率标准也需要与时俱进,不断优化调整,以更好地服务于生态环境保护大局。

(三)监测指标标准

监测指标标准,是生态环境监测中用于衡量环境质量、识别环境问题的关键参数或污染物列表,如同一根根精准的"探针",能够深入环境内部,揭示出隐藏的环境问题,为环境保护提供有力依据。例如,在水质监测中,PH、溶解氧、化学需氧量、重金属等指标,就是判断水质好坏、识别污染源的重要依据。监测指标标准的确定,需要综合考虑环境保护的目标、环境问题的严重性以及监测技术的可行性。随着环境问题的日益多样化和复杂化,监测指标也在不断丰富和完善。同时,为了确保监测结果的准确性和可比性,监测指标标准还需要与国际接轨,采用国际通用的监测方法和评价指标。通过科学合理地设置监测指标标准,可以更加精准地识别环境问题,及时采取有效的保护措施,推动生态环境质量的持续改善。

第二节 大气环境监测技术

一、大气环境监测的作用与技术要点

(一)大气环境监测的主要作用

1.具有预防大气污染的作用

环境监测是人们了解环境污染状况的重要手段,又为治理环境污染提供重要的事实依据,需要长期大量的数据作为支持,因此环境监测部门需要长期对监测数据进行统计和分析。大气环境每天都在发生变化,而通过环境监测管理对各个地区的环境变化数据进行反复统计和分析,就能找到一些环境变化规律,这些数据可以为大气污染治理工作提供一定的参考。这对环境监测工作的开展以及大气污染治理有着非常重要的意义。

2.具有大气污染治理的作用

在传统的大气治理中,会发现很大一部分的污染源很难被察觉,并且对大气污染源头的责任不好追究。但通过环境监测管理,我们就可以很好地利用监测技术对化工企业周边的水质、排放气体以及大气中的危害物质进行实时监测。一旦发现超标现象就可以第一时间锁定产生原因和相关责任人,更好地对大气环境进行保护和预防大气污染治理的有效办法就是规范人们的行为。比如,减少有害气体的排放、生活垃圾的产生,以及污染环境的行为的发生。在实际的环境监测过程中,相关数据主要是根据环境变化得出来的,当大气污染严重时,有关数据就会产生较大波动,因此人们要尽可能减少自身活动对环境的伤害。通过环境监测可以发现大气污染数据中的细微变化以及有害物质的排放指标,由此就可以提前规避一些高危污染因素。环境监测的管理工作还可以很好地为政府机关提供治理方向,通过有效的监测数据,政府可以集中对问题进行处理,这样的方式提升了工作效率,还可以第一时间明确工作责任,反过来又能够提升环境监测的管理水平。

(二)大气环境监测技术的要点

1.监测对象的选择

在环境监测对象选取过程中,需要明确监测对象的选取标准。比如,在建设项目中,要对污染物的排放标准进行规定,以规避违规或超标排放问题,为处理和监测污染物奠定基础。目前,我国缺少污染物排放的标准,在监测对象选择标准方面也比较模糊,虽然要将监测重点放在较大污染物上,但对较大污染物的标准说明不是十分精准,这对实际监测执行来说比较困难。

2.监测频率的控制

在大气环境评价工作中,要重视环境监测工作,遵循相应的规范和标准,合理设置环境监测频率,以增强环境监测的准确性,更好地为环境评价工作服务。准确地设置环境监测频率,可以全面反映监测点周边的大气情况,合理预测未来环境的发展情况,从而保障大气环境工作的顺利开展。在环境监测频率设计过程中,要根据环境质量要求设计监测频率及监测时段,高度重视对监测重点环节的控制,在增强环境监测准确性的同时,还要保证在各个时段内环境监测的质量,从而增强环境监测的有效性。因此,相关人员应结合实际情况,根据相应技术标准和要求,建立环境现状监测技术机制,增强环境监测数据的有效性、精准性,从而提高环境监测效率。

3.监测点位的布设

在大气环境评价工作中,要合理控制大气现状监测点数量的设计及布局细化大气现状监测,优化监测效率,保证监测的准确性。在环境监测点布置过程中,应该遵循相应的规范要求,结合当地的实际情况,选择合适的风向、坐标,对监测点进行详细的规划设计,使其更具代表性,且达到生态环保的目标,并对重点评价区进行重点监测,对监测点中不合理的位置进行处理,对不科学不规范的问题进行解决,从而保证环境监测的质量。在环境现状监测点布置过程中,还要考虑是否可以提升质量、效率以及经济效益,并平衡三者之间的关系,从而对大气环境评价类型进行区分,并结合大气环境评价涉及的其他专业,整合环境现状监测点位,使其在监测效率、经济效益等方面达到平衡,适当增加监测点位数,保证监测质量。并且,在环境现状监测质量以及效率方面,可以通过优化点位的方式控制大气环境影响成本,加大技术的投资力度,使环境工程周围的点位控制内容更加具体,根据监测区域的大气环境特征和具体要求,详细地进行点位布置,使大气环境评价工作更加合理,尽可能满足大气环境监测的要求。

二、大气环境污染监测的主要技术

(一)固体颗粒物监测技术

大气环境监测,是利用现代化监测技术,借助先进的监测仪器设备,对空气指标进行分析,监测大气中含有的污染物质,明确其污染浓度,掌握污染源并结合大气环境监测数据信息,提出相应的治理措施,进而增强环境治理的效果。在具体的大气环境监测技术应用中,要求技术操作人员重点针对固体颗粒物进行监测,并根据监测结果进行大气污染因子分析工作。在详细的大气监测工作治理技术应用时,可利用监测仪器设备,结合使用滤膜在线采样器,同时使用可以更换粒子切割器等设备完成监测过程,随后统计出大气污染相关的粉尘质量和浓度数据,更加快速地获取物质浓度结果明确污染物类型,借此进一步提升造成环境污染的固体颗粒物监测速度,且在监测的精准性提升以及测量范围拓展方面也可起重要的促进作用。此外,大气中含有的颗粒物成分复杂,易对人类健康产生危害,所以大气环境监测多使用大气监测仪器,开展氮氧化物、二氧化硫等指标监测。

(二)二氧化硫监测技术

二氧化硫作为大气污染物的构成成分,其具有较强的危害性,不仅影响着大气结构,也威胁着人体的健康。工业生产过程中,离不开燃料(如煤炭和油等)的支撑,燃料的使用会产生大量的二氧化硫。因含硫污染物具有分布范围广和危害性大的特点,在此基础上,针对二氧化硫这一物质进行监测处理时,技术操作人员可以运用分光光度法或者库仑滴定法开展二氧化硫污染监测工作。以分光光度法为例,在针对长江以南出现酸雨情况的地区进行二氧化硫监测时,就可通过测定被测物质在特定波长处或一定波长范围内光的吸收度这一方法完成二氧化硫监测,不仅可有效抵抗外界因素的影响,获得准确性较高的监测结果,还可明确大气污染的程度,为后续有效的大气环境污染治理策略制定奠定基础。

(三)氮氧化物监测技术

监测氮氧化物的目的,主要在于实现对汽车尾气排放的有效监测,进而加大对此类污染的治理力度。在针对大气污染中存在的氮氧化物进行监测时,技术操作人员可选用化学发光法,其在测定氮氧化物(NO)具有灵敏度高、反应速度快和选择性比较好等优势。以氮氧化物监测技术的采样为例,技术人员需将一支装有吸收液的多孔玻璃板吸收管进口处,与三氧化铬—砂子氧化管相连接,同时确保管口稍向下倾斜。此操作目的在于预防湿度较大的空气进入三氧化铬管内的吸收液中,避免影响监测结果。随后,按照 0.2~0.3 L/min 的流量进行避光采样,直至吸收液对外呈现微红色为止。在采样工作开展的同时,技术人员还需要同步做好采样地点的大气压力以及实际温度的监测工作,借此进一步提升氮氧化物监测技术的应用效果。

第三节　水环境监测方法

一、实验室与自动监测

（一）实验室监测方法

1.实验室监测的应用

实验室监测作为水环境监测的重要组成部分,主要应用于科研项目、产品研发以及工业生产等过程中可能产生的环境污染监测。在实验室这一相对封闭且可控的环境下,科研人员能够利用高精度的仪器设备对采集到的水样进行详尽的分析测试,从而获取准确、可靠的水质数据。这些数据不仅对于评估水体污染状况至关重要,还是制定环境保护措施、验证治理效果的重要依据。

2.实验室监测的技术手段

实验室监测涵盖了多种技术手段,包括但不限于光谱分析、色谱分析、电化学分析以及生物学分析等。这些技术手段各有优势,能够针对不同类型的污染物进行精准检测。例如,光谱分析技术能够利用物质对光的吸收、发射或散射特性来测定水样中的特定成分;色谱分析技术则通过分离混合物中的各组分,并对其进行定性定量分析;电化学分析技术则利用物质的电化学性质来测定水样中的离子浓度或氧化还原状态;而生物学分析技术则通过观察生物体在水样中的反应来评估水质的生物毒性或生态影响。

3.实验室监测的局限性与改进方向

尽管实验室监测能够提供高度准确的数据,但也存在一定的局限性。一方面,实验室监测需要专业的操作人员和昂贵的仪器设备,这增大了监测的成本和难度。另一方面,由于实验室监测通常是在水样采集后进行,因此无法实时反映水质的动态变化。为了克服这些局限性,科研人员正在不断探索新的监测技术和方法,如便携式监测设备的研发、远程监控技术的应用等,以期实现更加高效、便捷的水环境监测。

（二）自动监测

1.自动监测系统的构成

自动监测系统作为水环境监测的一种重要手段,主要由水质自动监测站、水质采样器、在线分析仪表以及数据传输与处理系统等部分组成。这些设备通过集成现代计算机技术、传感器技术和通信技术,实现了对水质参数的实时连续测量和数据传输。自动监测系统能够自动采集水样、进行预处理、分析测试,并将监测结果实时上传至数据中心或监控平台,为管理者提供及时、准确的水质信息。

2.自动监测的优势与应用场景

自动监测技术以其高效、便捷的特点,在水环境监测领域得到了广泛应用。首先,自动监测系统能够实现24小时不间断的监测,及时捕捉水质变化,为环境保护和水资源管理提供有力支持。其次,自动监测技术能够大大提高监测效率,减少人力、物力的投入。此外,自动监测系统还能够实现远程监控和数据分析,为决策者提供科学、客观的数据依据。因此,自动监测技术特别适用于河道、池塘、湖泊、企业等需要实时监测水质的地方,以及需要长期、连续监测的水域。

二、移动监测

（一）水环境移动监测是灵活高效的现场监测方法

水环境移动监测,作为一种高效、灵活的监测手段,正逐渐成为水质监测领域的重要组成部分。它打破了传统固定监测站的局限,通过便携式监测设备,如多参数水质监测仪等,实现了对特定区域或污染源附近水质的即时监测。这种监测方式不仅轻便快捷,而且能够迅速响应水质变化,为环境管理者提供及时、准确的数据支持。在移动监测过程中,专业人员会携带先进的监测设备前往现场,对水质进行全方位、多维度的检测。这些设备通常具备高精度、多参数测量的能力,能够实时监测水中的溶解氧、PH、浊度、重金属离子等多项指标。通过现场数据的即时分析,监测人员可以迅速判断水质状况,及时发现潜在的环境问题,为后续的应急处理和环境管理提供有力依据。而且,移动监测的灵活性还体现在其能够适应各种复杂环境。无论是偏远山区的水库,还是城市中心的河流,移动监测都能迅速到达并展开工作。这种监测方式不仅提高了监测效率,还大大扩展了监测范围,使得水质监测更加全面、深入。

(二)水环境移动监测是应急与调查的得力助手

水环境移动监测在应急监测和现场调查方面发挥着不可替代的作用。在突发水污染事件时,移动监测能够迅速响应,第一时间到达现场进行水质检测,为应急处理提供关键数据。通过实时监测和数据分析,监测人员可以迅速确定污染物的种类、浓度和扩散范围,为制定应急方案提供科学依据。同时,在环境调查过程中,移动监测也发挥着重要作用。它能够帮助调查人员快速了解水质状况,识别潜在污染源,为环境问题的诊断和治理提供有力支持。通过移动监测获取的数据,结合其他环境信息,调查人员可以更加全面地了解环境问题的来龙去脉,制定出更加科学合理的治理措施。

三、水环境具体监测技术与设备

(一)水质自动监测站

1.水质自动监测站的构成

水质自动监测站是水环境监测体系中的重要组成部分,它集成了水质在线自动监测仪器、配套仪表以及先进的通信网络技术。这些设备共同协作,能够实现对地表水和地下水各项污染参数的实时、连续测量。水质自动监测站通常包括采样系统、预处理系统、分析测量系统、数据传输与处理系统以及控制系统等多个模块。

2.水质自动监测站的工作原理

水质自动监测站的工作原理基于自动化和智能化的技术理念,采样系统会根据预设的时间或流量条件自动采集水样,并送入预处理系统进行必要的过滤、沉淀等处理,以确保水样的代表性和准确性。接着,分析测量系统会利用各种在线分析仪器对水样的各项污染参数进行实时测量,如溶解氧、PH、浊度、重金属离子浓度等。测量完成后,数据会通过通信网络实时传输至数据中心或监控平台,供管理者进行实时查看和分析。

3.水质自动监测站的应用与优势

水质自动监测站广泛应用于河流、湖泊、水库、地下水等水域的水质监测,其优势在于能够实现实时、连续的监测,及时捕捉水质变化,为环境保护和水资源管理提供有力支持。此外,通过长期的数据积累和分析,还可以为科学研究、政策制定等提供科学、客观的数据依据。

(二)水质采样器

1.水质采样器的类型

水质采样器是水质监测过程中不可或缺的设备之一,它主要用于采集地表水中的水样以供后续分析。根据采样方式的不同,水质采样器可以分为流量式采样器和时间式采样器两种类型。流量式采样器根据水流的流量进行采样,确保采集的水样具有代表性;而时间式采样器则根据预设的时间间隔进行采样,适用于需要定期监测的水域。

2.水质采样器的工作原理

水质采样器的工作原理相对简单但十分有效,以流量式采样器为例,它通常包含一个流量传感器和一个采样泵。当水流经过流量传感器时,传感器会测量水流的流量,并根据预设的采样比例控制采样泵的工作。采样泵会将一定量的水样抽入采样瓶中,完成采样过程。时间式采样器则通过内置的定时器控制采样泵的工作,实现定时采样。

3.水质采样器的应用与选型

水质采样器广泛应用于河流、湖泊、池塘等水域的水质监测。在选型时,需要考虑采样器的采样精度、采样量、采样频率以及使用环境等因素。例如,对于需要高精度采样的水域,应选择具有高精度流量传感器的采样器;对于需要长期监测的水域,应选择稳定可靠、维护方便的采样器。此外,还需要考虑采样器的便携性和操作简便性,以便于现场使用和维护。

(三)在线分析仪表

1.在线分析仪表的功能

在线分析仪表是水质自动监测站中的核心设备之一,它用于实时检测水中的各项污染参数。根据检测参数的不同,在线分析仪表可以分为多种类型,如紫外分光光度计、电导率仪、化学耗氧量(COD)分析仪、氨氮(NH3)分析仪、总磷(TP)分析仪、总氮(TN)分析仪以及挥发酚(V/F)分析仪等。这些仪表各具特色,能够满足不同水质监测的需求。

2.在线分析仪表的工作原理

不同类型的在线分析仪表具有不同的工作原理。以紫外分光光度计为例,它利用物质对紫外光的吸收特性来测定水样中的特定成分。当水样通过紫外分光光度计时,仪器会发出一定波长的紫外光,并测量水样对紫外光的吸收程度。根据吸收程度与成分浓度之间的线性关系,可以计算出水样中该成分的浓度。其他类型的在线分析仪表也各有其独特的工作原理,但都是通过测量水样中的物理或化学性质来推算出污染参数的浓度。

3.在线分析仪表的应用与维护

在线分析仪表广泛应用于水质自动监测站、工业废水处理厂、自来水厂等场所的水质监测,能够实时提供准确的水质数据,为管理者提供决策依据。然而,在线分析仪表也需要定期维护和校准,以确保其测量结果的准确性和稳定性。维护工作包括清洗仪器、更换试剂、检查传感器等;校准工作则包括使用标准溶液对仪器进行校准,以确保其测量结果的准确性。通过定期的维护和校准,可以延长在线分析仪表的使用寿命,提高其测量精度和稳定性。

四、水环境监测步骤与流程

（一）调查分析

在水环境监测的初步阶段,调查分析是不可或缺的一环。这一过程旨在全面、深入地了解监测区域的水环境现状,为后续工作奠定坚实基础。调查内容广泛,涵盖了污染源及其排放情况的详细摸排,以及自然与社会环境特征的细致描绘。污染源调查是重中之重,需要明确污染源的类型、位置、排放方式及排放量等关键信息。这包括工业废水、生活污水、农业面源污染等多方面的考量。通过实地考察、资料搜集和问卷调查等多种手段,监测人员能够构建起详尽的污染源数据库,为后续监测点的布设提供科学依据。同时,自然与社会环境特征也是调查的重要内容。地形地貌、水文条件、气候特征等自然因素,以及人口密度、经济发展状况等社会因素,都会对水环境质量产生深远影响。因此,监测人员需综合考虑这些因素,确保调查结果的全面性和准确性,为水环境监测工作的顺利开展奠定坚实基础。

（二）布设监测点

在布设监测点时,需要根据监测目的和监测对象的特点,进行科学合理的规划与设计。这就需要明确监测目的——是为了评估水质状况,还是为了追踪污染源?不同的监测目的会直接影响监测点的选择和布设方式。其次,要充分考虑监测对象的特征——是河流、湖泊还是地下水?不同的水体类型有其独特的流动规律和污染特征,需要针对性地布设监测点。而在布设过程中,还需要遵循优化原则,确保监测点能够全面反映水质状况,同时避免重复和遗漏。通过综合考虑水文条件、污染源分布、人口密集度等多方面因素,可以制定出科学合理的监测网点布局方案。这一方案的实施,将为后续的水样采集和化验分析提供有力支撑。

(三)采集与保存水样

水样的质量直接影响后续分析测试结果的准确性和可靠性。因此,在采集和保存水样时,必须严格遵守操作规程,确保每一步都符合标准要求。采集水样前,需根据监测目的和水体特征制订详细的采样计划。这包括采样时间、采样地点、采样深度等关键参数的确定。在采样过程中,要使用专用的采样器具,并按照规定的采样方法进行操作。同时,要注意避免交叉污染和样品变质等问题的发生。采集完成后,水样的保存同样重要。要根据样品的特性和分析测试的要求,选择合适的保存方法和保存条件。对于易挥发、易变质的样品,需采取特殊措施进行保存。此外,还要做好样品的标识和记录工作,确保样品信息的准确性和可追溯性。通过严谨的操作和精心的保存,可以确保水样在分析测试前保持其原始状态,为准确评估水质状况提供有力保障。

(四)分析测试

分析测试是水环境监测工作的最终环节,也是得出监测结果的关键步骤。在这一阶段,监测人员需根据样品特征及所测组特点选择适宜的分析测试方法,对水样进行化验分析。而分析测试方法的选择至关重要。不同的样品类型和分析对象需要采用不同的测试方法。例如,对于重金属离子的检测,可以采用分光光度法、原子吸收光谱法等;对于有机污染物的检测,则可以采用气相色谱法、液相色谱法等。监测人员需根据实际情况灵活选择测试方法,确保分析结果的准确性和可靠性。在分析测试过程中,要严格遵守操作规程和实验要求。从样品的预处理到测试仪器的校准,从实验条件的控制到数据的记录与处理,每一个环节都需精益求精。同时,还要加强质量控制和质量管理,确保分析测试结果的准确性和可信度。并且,通过科学的分析测试,监测人员可以得出准确的水质评估结果。这些结果不仅反映了当前的水环境质量状况,还为后续的环境管理、污染治理和生态保护提供了重要依据。因此,分析测试在水环境监测工作中具有举足轻重的地位。

第四节　土壤与固体废物监测技术

一、土壤检测技术

（一）土壤有机物监测技术

1.有机物监测技术

有机物监测技术能够测定土壤中的有机氯农药、邻苯二甲酸酯类、多环芳烃类等有机物,土壤样品经处理后采用加速溶剂萃取提取,凝胶渗透净化仪净化,气相色谱/质谱法对样品中有机氯农药进行分析,采用保留时间定性分析,特征选择离子的峰面积进行定量分析。这种技术所使用的试剂与材料分别如下:农残级二氯甲烷、正己烷、丙酮分析纯级无水硫酸钠、硅藻土、脱水小柱、样品瓶。所使用的标准物质是采用国家环境标准物质研究中心提供的有机氯农药标准物质或国外同类标准物质。土壤质量测定要先对样品进行采集和保存,并进行预处理;测定分析中要对仪器条件进行分析(色谱条件和质谱条件),然后对样品进行萃取和净化,采用外标法进行定量分析得到标准曲线;在对土壤样品的质量保证和质量控制进行分析的过程中,要进行空白分析和平行样分析,做加标回收率测定,按照分析步骤计算出检出限;最后,进行数据处理并计算出这些有机物的峰面积,从而进行定量分析。

2.石油类监测技术

石油类监测技术适用于对土壤中的石油类有机物进行测定,对于受石油污染的土壤,可以用氯仿提取,挥发去氯仿,于60 ℃恒重后得到氯仿提取物,这样能反映有机污染状况,也可用非分散红外光度法测定吸光度,但是对于含有甲基、亚甲基的有机物测定会产生一定程度的干扰,同时对动物、植物性油脂等的测定也会产生干扰,这时就需要对此类情况进行另外的说明并用预分离方法去除这些干扰物。当萃取液中石油类正构烷烃、异构烷烃和芳香烃的比例含量与标准油差别较大时,需采用红外分光光度法测定。这种方法中所需要的仪器和设备包括干燥器、恒温箱、分析天平、分液漏斗、红外分光光度计、恒温水浴锅、非分散红外测油仪等。所使用的试剂包括氯仿、硅酸镁、氢氧化钾乙醇液、四氯化碳、石油醚、标准吸取油贮备液、无水硫酸钠和标准油品等。在进行分析测定时,首先要提取氯仿提取物和非皂化物,然后利用重量法测定非皂化物总量,用红外分光光度法、非分散红外测油法测定样品并绘制标准曲线(试液制备、吸附净化),从而测定土壤中石油类物质的含量。

3.挥发性物质监测技术

挥发性物质监测适用于对土壤中挥发性有机化合物如四氯化碳、甲苯、二氯甲烷等的分析测定,常用的方法有吹扫捕集-气相色谱-质谱法、顶空—气相色谱—质谱法等。

(二)土壤无机污染物监测技术

1.土壤无机污染物生物有效性的测定方法

(1)生物学方法

测定土壤污染物的生物学效应,根据所关心的受体,选择人、高等动物、植物、土壤动物和微生物等进行生物测试,可以在分子、细胞、代谢(酶活性或生物指示物)、个体(富集、生长、繁殖率、死亡率等)、种群(密度、多样性)和群落(物种组成)水平方面进行测定。

(2)化学方法

模拟土壤污染物的环境有效性,包括土壤溶液浓度;基于水、中性盐稀酸或络合剂的化学提取剂;基于扩散和交换吸附的固相萃取等。

2.土壤无机污染物生物有效性的化学提取测定方法

目前,常用的化学提取方法有很多,如水提取、中性盐提取、稀酸(稀 HCl

等)、络合剂(DTPA、EDTA 等)。不同提取方法的原理不同,对不同元素的提取率也不同。选取不同的测定方法时,一方面提取方法基于物理、化学或生理学原理,另一方面方法的适用范围(如土壤类型、生物或污染物性质等)明确。

3.土壤重金属活性态监测方法

(1)土壤重金属活性态化学提取法

土壤重金属的毒性大小取决于其金属离子在土壤中活性态浓度的高低,解释和预测有效态 CD 浓度是土壤 CD 污染调控的关键。重金属调控过程中活性态的表征方法较多,常见的有化学提取法,如一步化学提取法和多步化学提取法。不同的化学提取剂提取效率不同,很难判断土壤中的重金属真实状态。多步化学提取法将不同形态的 CD 分别采取不同的提取程序进行分步提取,此方法虽然可以精准测量出不同形态的 CD 含量,但也存在着分析过程中元素的再分配和再吸收等严重的缺陷。化学提取法需要破坏性采样,对土壤扰动大。梯度扩散薄膜技术(DGT)是一种原位监测技术,与其他传统提取及分析技术相比,梯度扩散薄膜技术能够对土壤进行原位监测,在不扰动土壤环境的情况下,连续测定土壤重金属活性态变化。梯度扩散薄膜技术监测的重金属含量不仅包括水溶性重金属,还考虑了重金属在土壤体系中的运移过程及固液吸附—解离、有机结合态吸附—解离动态补充过程,因此梯度扩散薄膜技术是表征重金属有效态的重要工具之一,为研究土壤重金属的有效性提供了高效而又可靠的方法。

(2)土壤重金属有效态化学提取法

土壤重金属有效态化学提取法适用于对土壤重金属镉、铬、铜、汞、镍、铅、锌等有效态的提取和分析,提取剂采用 $NaNO_3$ 溶液。除 HG 外,提取液中其他重金属的浓度可用原子吸收分光光度法进行测定,重金属的浓度低于原子吸收分光光度计检出限时,可用原子吸收石墨炉法测定。HG 浓度可用原子荧光分光光度法测定。而且,土壤重金属有效态化学提取法所用的试剂和仪器主要包括氢氧化钠、二次去离子水、石墨炉原子吸收分光光度计、分析天平、离心机、塑料注射器、聚乙烯试剂瓶等。

(三)土壤无机元素监测技术

1.电感耦合等离子体原子发射光谱法

电感耦合等离子体原子发射光谱法适用于测定土壤中镁、钙、铬、钛、铝、铁等无机元素,从而校正土壤中的这些元素对痕量元素的干扰。这种方法采用盐酸-硝酸-氢氟酸-高氯酸全分解的方法或硝酸-氢氟酸过氧化氢微波消解法,使试样中的待测元素全部进入试液中。然后,将土壤、沉积物消解液经等离子发射光谱仪进样器中的雾化器雾化并由氩载气带入等离子体火炬中,分析物在等离子体火炬中挥发、原子化、激发并辐射出特征谱线。不同元素的原子在激发或电离时可发射出特征光谱,特征光谱的强弱与样品中原子浓度有关,与标准溶液进行比对,即可定量测定样品中各元素的含量。

2.电感耦合等离子体质谱法

电感耦合等离子体质谱法适用于测定土壤中镉、铅、铜、锌、铁、锰、镍、钼和铬等无机元素。土壤样品经消解后,加入内标溶液,样品溶液经进样装置被引入电感耦合等离子体中,根据各元素及其内标的质荷比(M/E)测定各元素的离子计数值,由各元素的离子计数值与其内标的离子计数值的比值,求出元素的浓度。

3.原子荧光法

原子荧光法适用于测定土壤及沉积物中的汞、砷、硒、锑、铋元素。试样用王水分解,硼氢化钾还原,生成原子态的汞,经气导入原子化器,用原子荧光光度计进行测定。测定中用到的分析纯极的试剂有盐酸、硝酸、磷酸、氰化钾等,用到的仪器有原子荧光光度计,汞、砷、硒、锑、铋高强度空心阴极灯。

4.X射线荧光光谱法

X射线荧光光谱法采用粉末压片-波长色散X射线荧光光谱法测定土壤和沉积物中32种无机元素,如砷、钡、氯、铬、铜、铅、铝、铁、钾、钠、钙、镁等。土壤或沉积物样品经过衬垫压片或铝环(塑料环)压片后,试样中的原子受到适当的高能辐射激发后,放射出该原子所具有的特征 X 射线,其强度大小与试样中的该元素浓度成正比。X 射线荧光光谱法通过测量特征射线的强度来定量试样中各元素的含量。

5. 催化热解-原子吸收法

催化热解-原子吸收法适用于测定土壤中的汞元素,样品在高温催化剂的条件下,各形态汞被还原为单质汞,随载气进入混合器被金汞齐选择性吸附,其他分解产物随载气排出,混合器快速加温,将金汞齐吸附的汞吸解,形成汞蒸气,汞蒸气随载气进入原子吸收光谱仪,在 253.7 nm 下测定其吸光率,吸光率与汞含量呈函数关系。

二、固体废物监测技术

(一)有害物质的监测技术

1. 加热烘干称量法

加热烘干称量法适用于测定固体废物中的水分,也是固体废物监测中的一个重要项目。将固体废物样品放入恒温鼓风干燥箱,先进行烘干再进行冷却,保证平衡稳定的加热温度,保证测定结果的准确。

2. 玻璃电极电位法

玻璃电极电位法适用于测定固体废物中的 pH,从而能够反映其腐蚀性的大小。所需要的仪器和试剂主要有酸度计及配套的电极、缓冲溶液、水平振荡器和蒸馏水等,可以将电极直接插入污泥中进行测定,也可以对样品经离心或过滤后再测定,对于粉状、颗粒状或块状的试样要加入蒸馏水放在振荡器中振荡后再测定。

3. 冷原子吸收分光光度法

冷原子吸收分光光度法适用于测定固体废物中的总汞含量,这是对汞元素最有效的测定方法。该方法用很少的固体废物样品,通过简单快捷的操作方法,就可以进行测定。将经特定溶液处理后的样品置于测汞仪的反应瓶中,经氯化亚锡溶液将二价汞还原为单质汞,用载气或振荡使之挥发,并把挥发的汞蒸气带入测汞仪的吸收池中,测定吸光度。

4. 二苯碳酰二肼分光光度法

二苯碳酰二肼分光光度法适用于测定固体废物中的铬含量,固体废物试样经过硫酸、磷酸消化,铬化合物变成可溶性,再经过离心或过滤分离后,用高锰酸钾将三价铬氧化成六价铬,然后在酸性条件下与二苯碳酰二肼反应生成紫红色配合物,其色度与试液中铬的浓度成正比,在540 nm处测其吸光度,利用标准曲线法即可求得铬的含量。

5. 异烟酸-吡唑啉酮分光光度法

异烟酸-吡唑啉酮分光光度法用于测定氰化物的含量,在pH为6.8~7.5近中性的混合磷酸盐缓冲液条件下,氰化物被氯胺T氧化成氯化,氯化与异烟酸作用,并经水解后生成戊烯二醛,此化合物再与吡唑啉酮缩合生成稳定的蓝色化合物,在一定浓度范围内,该化合物的颜色强度(色度)与化物的浓度呈线性关系,利用标准曲线法即可求得固体废物中化物的含量。

(二)生活垃圾的监测分析技术

要对不同场所的垃圾储存场所采集垃圾试样,这是进行生活垃圾监测分析的重要一步,还要科学控制采样量并进行粉碎、干燥和储存,这就需要对垃圾的粒度进行分级;然后根据垃圾中形成的淀粉碘络合物的颜色变化对固体废物中的淀粉进行测定分析;还要对垃圾中的有机物质进行生物降解度的测定,区分出容易降解、难以生物降解的固体废物;固体废物进行焚烧处理后的热值测定也是一项重要的监测指标;从生活垃圾中渗出来的水溶液也是重要的固体废物污染源,也要对垃圾渗滤液进行分析和测定。

(三)固体的直接分析技术

在固态环境样品的分析领域,传统方法往往涉及复杂的样品预处理步骤,包括研磨、溶解、萃取等,以期获得适合后续仪器分析的形式。而随着科学技术的不断进步,一系列直接分析技术应运而生,它们能够直接对制备好的风干样品,甚至生物样品的活体进行高效且准确的测定。中子活化分析法便是其中的佼佼者,它利用中子轰击样品中的原子核,使其活化并产生放射性同位素,随后通过测量这些同位素的衰变特性来确定样品中元素的种类和含量。这种方法无须复杂的化学处理,即可实现对固体样品中微量元素的快速分析。其中,X射线荧光光谱分析法则是通过激发样品中的原子,使其发射出特征X射线,进而根据这些射线的波长和强度来推断样品中的元素组成。该技术具有分析速度快、准确度高、对样品破坏性小等优点,特别适用于固体样品的现场快速分析。而同位素示踪法则是在样品中引入已知量的放射性同位素或稳定同位素作为标记,通过追踪这些同位素在样品中的分布和变化,来揭示样品中的化学过程或生物过程。这种方法在生态学、环境科学等领域有着广泛的应用。此外,发射光谱法则是通过测量样品在受热或受激时发射出的光谱,来分析样品中的元素或化合物。这种方法在材料科学、地质学等领域中发挥着重要作用,为固体样品的直接分析提供了有力支持。

第五节 生物多样性与生态监测方法

一、生物多样性监测方法

(一)生物多样性指数监测

生物多样性指数监测是评估生物多样性变化趋势的重要手段。香农-维纳指数和辛普森指数等量化方法,提供了科学的工具来测量和比较不同区域的生物多样性水平。这些方法基于物种丰富度和均匀度,能够全面反映生态系统的复杂性和稳定性。通过定期收集数据并计算这些指数,不仅可以追踪生物多样性的长期变化,还能及时发现潜在的生态危机。例如,在受人类活动影响较大的地区,生物多样性指数可能会呈现下降趋势,这为我们提供了生态恢复和保护的重要信号。同时,这些指数还可以用于比较不同保护措施的效果,为政策制定者提供科学依据,确保生态保护和资源管理的有效性和针对性。

(二)传统生物学调查

尽管现代技术飞速发展,但传统生物学调查方法在生物多样性监测中依然占据重要地位。通过野外调查、物种鉴定和种群数量统计等手段,我们能够获取详尽的生物多样性信息。这种方法特别适用于物种水平和生态系统水平的详细监测,能够揭示出许多现代技术难以捕捉的生态细节。例如,通过实地观察和记录,我们可以了解物种的栖息地偏好、食物链关系以及种群动态等关键信息。此外,传统生物学调查还能为生态学研究提供基础数据,支持生态模型的构建和验证,从而更全面地理解生态系统的运作机制。

(三)生物声学与人工智能融合技术

生物声学与人工智能的融合为生物多样性监测开辟了新的途径。通过记录和分析动物的声音,可以获取种群数量、分布和活动规律等宝贵信息。而人工智能算法的引入,则极大提高了声音识别和分类的效率和准确性。这种技术特别适用于那些难以直接观察的野生动物,如深海鱼类和森林中的小型哺乳动物。通过声音监测,我们可以了解这些动物的生存状况,及时发现潜在的生态问题。同时,这种方法还能为生态保护提供科学依据,帮助我们制定更有效的保护措施,确保这些珍稀物种的生存和繁衍。

(四)红外线成像与无人机技术

红外线成像与无人机技术的结合,为大规模生物多样性监测提供了强有力的支持。红外线成像技术能够远程监测野生动物的种群数量、分布和活动规律,而无人机则能够覆盖更广的区域,实现高效率的监测。这种组合特别适用于地形复杂或难以到达的地区,如高山、森林和沼泽等。通过这种方法,我们可以获取详尽的生物多样性数据,为生态保护提供科学依据。同时,无人机还能搭载其他传感器,如相机和光谱仪等,进一步丰富监测数据,提高生态研究的深度和广度。

(五)EDNA检测法

EDNA检测法是一种新兴的生物多样性监测技术,通过收集环境样品中的遗传物质来分析生物多样性的组成和变化。这种方法具有灵敏度高、操作简便和成本低廉等优点,特别适用于海洋、河流等水生生态系统的生物多样性监测。通过EDNA检测,可以一次性分析整个群落,揭示出隐藏在环境中的生物多样性信息。这种方法不仅能够发现传统方法难以捕捉的珍稀物种,还能为生态学研究提供新的视角和见解。而随着技术的不断进步和应用的深入拓展,EDNA检测法有望在生物多样性监测领域发挥更加重要的作用。

二、生态监测方法

(一)污水生物系统法

1.微生物群落与水质关系

污水中的微生物群落是一个复杂的生态系统,与水质之间存在着密切的关系。不同种类的微生物对污染物的耐受性和利用能力各不相同,因此它们的存在和数量变化能够反映出水质的状况。例如,当水体受到有机污染时,某些能够分解有机物的微生物会大量繁殖,而另一些对污染物敏感的微生物则可能逐渐消失。

2.污水生物系统法的应用流程

在应用污水生物系统法时,科研人员首先需要采集污水样本,并通过一系列的处理和分离技术,获取其中的微生物群落信息。然后,通过对比不同污染程度下微生物群落的变化特征,建立水质评估模型。最后,根据模型结果,对实际污水进行监测和评估,为河流污染治理提供科学依据。

(二)PFU 法

1.PFU 法的原理与优势

PFU 法,即聚氨酯泡沫塑料块法,是一种创新的水质监测方法。它利用聚氨酯泡沫塑料块作为基质,吸引水中的微生物附着生长,通过观察附着的微生物种类和数量来判断水质状况。而 PFU 法的核心在于利用聚氨酯泡沫塑料块的特殊性质,为水中的微生物提供一个理想的生长环境。这些泡沫块具有丰富的孔隙结构和良好的吸附性能,能够吸引并固定水中的微生物。通过观察和分析附着在泡沫块上的微生物群落,可以间接了解水质的状况。与传统的水质监测方法相比,PFU 法具有操作简便、成本低廉、结果直观等优点。

2.PFU 法的应用场景与拓展

PFU 法在水质监测领域具有广泛的应用前景。它可以用于监测河流、湖泊、水库等不同类型的水体,评估其水质状况。同时,通过与其他监测方法的结合使用,如化学分析、生物测试等,可以更加全面地了解水质的综合状况。此外,PFU 法还可以用于研究微生物群落的结构和功能,为生态学研究和环境保护提供新的视角和思路。

(三)生物测试法

1.毒性试验

生物测试法,作为生态监测中的一项重要技术,利用生物受到污染物质毒害所产生的生理机能等变化来测试污染状况。这种方法能够直接反映污染物对生物的影响,为环境污染的评估和治理提供科学依据。而毒性试验是生物测试法中的核心环节之一。它通过将生物置于含有不同浓度污染物的环境中,观察其生理机能、行为反应和存活率等指标的变化,来评估污染物的毒性。这种试验可以针对不同类型的生物进行,如鱼类、昆虫、藻类等,以获取更全面的毒性信息。通过毒性试验,能够了解污染物对生物的直接效应,为环境污染的紧急应对和长期治理提供数据支持。

2.微核技术

微核技术是生物测试法中的一种重要方法,通过观察生物细胞中的微核数量来评估污染物的遗传毒性。微核是细胞在受到损伤或刺激时形成的一种异常结构,其数量与污染物的遗传毒性呈正相关。通过微核技术,我们能够早期发现污染物对生物遗传物质的损伤,为环境污染的预防和治理提供更为敏感和精确的指标。此外,微核技术还可以用于研究污染物的致畸、致癌等潜在风险,为环境保护和人类健康提供更加全面的保障。

第六节 遥感与 GIS 在环境监测中的应用

一、遥感技术在生态环境监测中的应用

(一)红外遥感

红外遥感技术以其独特的优势,在生态环境监测中扮演着至关重要的角色。它利用不同气体对红外光的吸收和反射特性,能够精准地捕捉到环境中污染物的存在与分布。这项技术不仅能够有效监测大气污染,如工厂排放的废气、汽车尾气等,还能对地表水污染进行实时监测,揭示水体中隐藏的污染源。红外遥感技术的覆盖范围广泛,能够触及那些传统监测手段难以抵达的区域,如高耸的工厂烟囱、隐蔽的尘埃排放口等,从而确保环境监测的全面性和准确性。通过红外遥感技术,可以及时获取污染物的种类、浓度和分布信息,为环境管理部门提供科学依据,助力其制定更加精准的环保措施,保护我们的生态环境免受污染侵害。

(二)水质遥感

水质遥感技术是利用水体在不同波段下的反射率差异来评估水质状况的

生态环境监测与管理

一种有效手段。这项技术能够检测到水中的多种生物和化学参数,如蓝藻、浮游生物等,这些参数往往难以通过传统方法进行直接测量。通过水质遥感,我们可以获取水体的温度、透明度等关键信息,进而评估水资源的健康状况。此外,该技术还能监测到与水质密切相关的生态环境信息,如草地、沙漠、森林等,为全面评估水资源质量提供有力支持。水质遥感技术的应用,不仅提高了水质监测的效率和准确性,还为水资源管理和保护提供了科学依据,助力我们实现水资源的可持续利用。

（三）植被遥感

植被遥感技术通过监测植被的光谱反射率,提供了丰富的植被信息。这项技术已经广泛应用于全球的环境监测中,成为评估生态系统健康状况的重要手段。利用植被反射率的变化,我们可以实时监测植被的生理状态,如光合作用强度、水分状况等,从而及时发现植被的异常变化。同时,植被遥感还能帮助我们识别植被的种类和分布,了解不同植被类型的生长状况和生态功能。此外,通过测量植被的覆盖度、数目、树高、树龄等参数,可以对生态系统的演替过程进行深入研究,为生态保护和恢复提供科学依据。植被遥感技术的应用,不仅提升了我们对生态系统的认识水平,还为生态管理和决策提供了有力支持。

（四）土地利用遥感

土地利用遥感技术通过空间图像获取影像信息,为制作土地利用图提供了重要依据。这项技术能够清晰地展示出不同土地类型的分布和变化,为土地资源的合理规划和利用提供了科学依据。通过土地利用遥感,我们可以及时发现土地利用的变化情况,如城市扩张、农田退化、森林砍伐等,从而采取相应的保护措施。同时,该技术还能帮助我们识别土地覆盖的特征变化,如植被覆盖度的增减、土壤侵蚀的程度等,为生态环境的保护和管理提供优质的监测材料。基于土地利用的遥感信息,各地环境部门可以更加精准地制定环保措施,采取有效的措施来保护生态环境,实现人与自然的和谐共生。

二、GIS 技术在生态环境监测中的应用

(一)提供图形和数据

GIS 不仅是数据的海洋,更是图形的艺术大师。它以其丰富的图形与数据资源,为环境机构铺设了一条通往科学决策的快车道。从污染源分布图到污染影响范围图,从生态敏感度评价到环境风险评估,GIS 以直观的形式展现着环境的现状与趋势。同时,它还搭建起政府部门、管理机构与公众之间的信息桥梁,确保环境信息的透明与共享。基于 GIS 的强大数据支撑,生态环保机构能够实现对污染源的有效追踪,及时记录污染事件的发展轨迹,甚至关联分析污染与健康风险,为制定更加精准、高效的环境保护政策提供坚实依据。GIS 正以其独特的信息服务能力,成为环境保护行动中不可或缺的信息基石。

(二)智能化模拟预测

GIS 技术不仅在静态分析上大放异彩,其智能化模拟预测能力更让人叹为观止。通过整合多源地理空间大数据,GIS 构建起复杂而精细的分析模型,仿佛一台环境风险的"预知机"。以雨涝风险预测为例,GIS 能够综合考虑地形地貌、降雨历史、排水系统等多元因素,进行高精度的雨涝风险评估与预警。这种智能化的模拟预测,不仅能够帮助决策者提前布局防灾减灾措施,还能在灾害发生时迅速响应,有效减轻灾害损失。GIS 的智能化模拟预测,让环境保护工作从被动应对转向主动预防,为构建安全、可持续的生态环境提供了强大的技术支撑。

(三)三维模式分析

GIS 技术的三维模式分析,无疑是环境科学领域的一场视觉革命。它打破了传统二维平面的局限,以超直观的三维视角,生动演绎着生态、水文、土壤等

自然要素的状态、原理、运行模式与机制。在三维模式下,山川河流仿佛触手可及,土壤侵蚀、水流路径、植被分布等复杂环境过程得以清晰展现。这种立体化的分析方式,不仅极大地提升了环境研究的深度与广度,更为环境保护与生态修复提供了科学依据与可视化指导。GIS的三维模式分析,如同一面透视镜,让我们得以深入探索生态奥秘,为构建人与自然和谐共生的美好未来贡献力量。

第三章　生态环境数据采集与处理

第一节　数据采集策略与工具

一、生态环境数据采集策略

(一)多样化数据采集方法

1.现场观测

现场观测是生态环境多样化数据采集方法中的基础且直接的一环。它依赖于专业人员的实地踏勘与细致观察,以及运用各种测量工具对环境参数进行精确测量。这种方法能够直观地反映环境现状,为后续的数据分析与环境评估提供第一手资料。在现场观测中,观测者会根据预设的监测方案,前往特定的监测点,对环境中的物理、化学、生物等多方面因素进行详尽记录。比如,通过观测河流的水流状态、颜色、气味等,可以初步判断水质状况;通过测量空气中的温湿度、风速风向等,可以了解大气的基本状况。现场观测的优势在于其真实性和即时性,能够捕捉到环境变化的瞬间,为环境监测和生态保护提供有力支撑。

2.传感器监测

传感器监测是生态环境数据采集中的一项重要技术,它利用各类环境传感器对环境参数进行实时监测,实现了数据的自动化、连续化采集。这些传感器如同环境的"耳朵"和"眼睛",能够感知并记录下环境中的微妙变化。例如,温度传感器可以精确测量空气或水体的温度,湿度传感器则能反映环境的湿度状况,而气体浓度传感器则能监测到空气中各种气体的含量。传感器监测的优势在于其高效性和准确性,能够连续不断地提供环境数据,为环境管理决策提供科学依据。同时,随着物联网技术的发展,传感器监测还可以实现远程监控和智能预警,及时发现环境异常,为环境保护工作赢得宝贵时间。

3.样本采集与分析

样本采集与分析是生态环境数据采集中的一个关键环节,通过对空气、水体、土壤等环境样本的采集,将样本带回实验室进行细致的分析和检测,从而获取更为详细和准确的环境数据。这种方法能够揭示环境中隐藏的污染物质和生态风险,为环境评估和污染治理提供重要依据。在样本采集过程中,需要严格遵守采样规范,确保样本的代表性和有效性。而在样本分析阶段,则需要运用各种先进的仪器设备和分析技术,对样本中的化学成分、生物指标等进行精确测定。样本采集与分析的优势在于其深入性和精确性,能够揭示环境问题的本质和根源,为环境保护工作提供有力的技术支撑。同时,通过对不同时间、不同地点的样本进行对比分析,还可以揭示环境变化的趋势和规律,为环境管理决策提供更加全面和科学的依据。

(二)数据时效性与准确性

时效性是环境数据的灵魂,它要求数据采集必须紧跟环境变化的步伐,确保每一刻的环境状况都能被及时捕捉。这不仅关乎数据的即时价值,更是对环境预警、应急响应等关键时刻的决策支持。为实现这一目标,需建立高效的数据采集机制,利用现代信息技术缩短数据从采集到发布的周期,让数据成为反映环境动态的"实时镜"。而准确性则是数据可信度的基石,它要求数据采集过程严谨细致,不容丝毫马虎。从仪器校准、采样方法到数据处理,每一个环节都需严格把控,确保数据的真实性与完整性。通过建立严格的质量控制体系,剔除无效或异常数据,避免它们对分析结果的干扰,从而保障环境决策的科学性与有效性。时效性与准确性的双重保障,让生态环境数据成为守护绿水青山的"眼睛",为绿色发展之路提供坚实的数据支撑。

（三）数据清洗与整理

原始数据如同未经雕琢的璞玉，虽蕴含无限可能，却也夹杂着噪声与冗余。数据清洗与整理，便是这雕琢过程中的关键一步。通过专业的技术手段，对采集到的原始数据进行细致筛查，去除那些无用的、重复的或错误的信息，让数据回归本质，更加纯净。同时，对数据进行规范化处理，统一数据格式，确保数据之间的可比性，为后续的数据分析与应用奠定坚实基础。而且，数据清洗不仅关乎数据的"颜值"，更影响着数据的"内涵"。通过这一过程，数据的可分析性得到显著提升，隐藏在海量数据中的规律与趋势逐渐浮现。数据整理则是对数据的进一步梳理与归类，让数据以更加有序、结构化的方式呈现，便于研究人员快速定位所需信息，提高数据分析的效率与准确性。数据清洗与整理，如同挖掘数据价值的金钥匙，开启了通往环境智慧的大门。

（四）多层次数据采集

环境监测的复杂性与多样性，要求数据采集必须采取多层次、全方位的策略。固定监测站如同环境守护的哨兵，长期坚守在关键区域，提供稳定可靠的数据支持；移动监测车则灵活机动，能够迅速响应环境变化，覆盖更广泛的监测范围；无人机则以其独特的视角与机动性，成为监测难以触及区域的得力助手。这些不同层次的监测设备，共同编织了一张立体化的环境监测网络。而多层次数据采集不仅提高了监测的覆盖度与精度，还实现了对环境变化的全方位感知。从地面到空中，从静态到动态，每一层数据都是对环境状况的全面刻画。这种立体化的监测体系，为环境决策提供了更为丰富、全面的数据支持，使得环境保护措施更加精准、有效。多层次数据采集，正以其独特的优势，成为推动环境监测现代化进程的重要力量。

（五）多维度数据整合

不同来源、不同类型的环境数据，如同散落各处的珍珠，需要通过科学的方法将它们串联起来,形成全面的环境数据资源库。这一过程不仅涉及数据的物理整合,更包括数据的逻辑关联与语义统一,确保数据之间的相互理解与协同工作。多维度数据整合的意义在于,它能够打破数据孤岛,实现数据的互联互通,让数据在更广阔的维度上发挥价值。通过整合气象、水文、土壤、生物等多领域数据,可以更加全面地了解环境状况,揭示环境变化的内在规律。同时,这种整合也为环境预测、风险评估、政策制定等提供了强有力的数据支撑,让环境决策更加科学、精准。多维度数据整合,正以其强大的整合能力,构建起环境智慧的"大脑",引领着环境保护事业迈向新的高度。

二、生态环境数据采集工具

(一)环保数采仪

1.环保数采仪的功能

环保数采仪,作为生态环境数据采集的核心工具,集数据采集、存储、传输于一体,以其高效、准确的特点广泛应用于大气质量、水质、土壤质量、噪音水平等多个环境监测领域。它能够实时监测环境参数,如温度、湿度、PM2.5浓度、水质中的溶解氧、土壤中的重金属含量以及噪声分贝等,确保数据的时效性和准确性。通过内置的传感器和智能算法,环保数采仪能够自动校准数据,减少误差,提高监测精度。同时,其强大的数据存储能力,使得长时间、连续性的环境监测成为可能。

2.环保数采仪的应用

在大气质量监测中,环保数采仪被部署于城市网格化监测站、工业排放口等关键位置,实时监测空气中的污染物浓度,为空气质量预警和污染治理提供数据支持。在水质监测领域,它则安装于河流、湖泊、水库等水体中,监测水质指标,及时发现水污染事件,保障饮用水安全。此外,在土壤质量监测和噪音水平监测中,环保数采仪也发挥着不可替代的作用,为环境保护和生态修复提供科学依据。

（二）数据可视化工具

1.数据可视化工具的作用

在生态环境数据采集与分析过程中，数据可视化工具能够将海量、复杂的环境数据以图形、图表等直观的形式展示出来，使得数据分析人员能够快速、准确地理解数据背后的信息和规律。这不仅提高了数据分析和应用的效率，还有助于发现数据中的异常和趋势，为环境保护决策提供有力支持。

2.常见的数据可视化工具

EXCEL作为最常用的办公软件之一，其内置的图表功能能够满足基本的数据可视化需求。然而，对于更复杂、更专业的数据可视化任务，则需要借助更专业的工具。PYTHON的MATPLOTLIB库是一个强大的数据可视化库，它能够绘制各种复杂的图表，如折线图、柱状图、散点图等，且支持自定义样式和交互功能。而TABLEAU则是一款专业的数据可视化软件，它提供了丰富的图表类型和交互功能，使得数据可视化变得更加简单、直观。

3.数据可视化工具的应用实践

在生态环境数据分析中，数据可视化工具的应用非常广泛。例如，通过绘制空气质量指数（AQI）的时间序列图，可以清晰地看到空气质量的变化趋势和周期性规律；通过制作水质污染物的地理分布图，可以直观地展示不同区域的水质状况；通过构建土壤重金属含量的三维立体图，可以深入了解土壤污染的空间分布特征。这些可视化图表不仅为环境保护部门提供了有力的决策依据，也为公众提供了更加直观、易懂的环境信息，增强了公众的环保意识和参与度。

第二节　数据质量保证与质量控制

一、生态环境数据质量保证

(一)监测方法的标准化

1.标准方法的选用与验证

在生态环境数据监测中,监测方法的标准化如同灯塔,指引着数据的准确性与可靠性。选用经过权威机构验证和广泛认可的监测方法,是确保数据质量的第一步。这些方法经过时间的考验,其科学性与实用性得到了业界的公认。通过遵循这些标准方法,可以最大限度地减少因方法不当而引入的误差,使监测数据更加贴近真实环境状况。

2.方法的更新与优化

随着环境问题的日益复杂和监测技术的进步,原有的标准方法可能无法满足新的监测需求。因此,持续关注和引入新的监测技术与方法,对现有方法进行适时更新与优化,是保持监测方法科学性的关键。这要求监测机构保持敏锐的科技洞察力,积极与科研机构合作,共同推动监测方法的创新与升级。

3.方法的一致性与可比性

在跨区域、跨时间的监测活动中,保持监测方法的一致性与可比性至关重要。这要求不同监测点、不同时间段采用的监测方法应尽可能统一,以确保监测数据的连贯性和可对比性。通过制定详细的监测方案,明确监测方法的选择依据和操作流程,可以有效避免因方法差异而导致的数据偏差,为环境决策提供更加准确、可靠的数据支持。

(二)监测人员的培训

1.专业技能的提升

监测人员是生态环境数据监测的直接执行者,他们的专业技能和素质直接关系着监测数据的质量。因此,加强监测人员的专业培训,提升他们的技术水平和操作能力,是确保数据质量的关键环节。培训内容应涵盖监测技术的最新进展、监测设备的操作流程、数据处理与分析方法等,使监测人员能够熟练掌握各项监测技能,确保监测工作的顺利进行。

2.质量意识的培养

除了专业技能的提升,质量意识的培养同样重要,监测人员应深刻理解数据质量对于环境保护和生态安全的重要意义,时刻保持高度的责任心和敬业精神。通过定期的质量意识教育和案例分析,让监测人员充分认识到数据质量问题的严重后果,从而在工作中更加严谨细致,确保每一步操作都符合质量要求。

3.团队协作与沟通

监测工作往往涉及多个环节和多个部门之间的协作。因此,培养良好的团队协作精神和沟通能力也是监测人员培训的重要内容。通过团队建设活动和跨部门交流会议,增进监测人员之间的相互了解和信任,促进信息的畅通传递和资源的有效整合。这有助于形成协同作战的工作氛围,提高监测工作的整体效率和数据质量。

(三)质量管理体系的建立

1.质量方针与目标的制定

构建完善的质量管理体系,是确保生态环境数据质量的根本保障。首先,需要明确质量方针和目标,为整个监测活动指明方向。质量方针应体现监测机构对于数据质量的承诺和追求,而质量目标则应具体、可量化、可追踪,以便对监测工作进行有效的评估和改进。

2.程序规范的制定与实施

在质量方针和目标的指引下,制定详细的程序规范是质量管理体系的重要组成部分。这些规范应涵盖监测工作的每一个环节,包括样品的采集、保存、运输、分析、数据处理和报告编制等。通过明确的操作流程和质量标准,确保每一步工作都有章可循、有据可依,从而有效控制监测过程中的质量风险。

二、生态环境数据质量控制

(一)样品的采集、保存和运输

样品的采集、保存和运输是生态环境数据质量控制的首要环节,直接关系着后续分析结果的准确性和可靠性。在采集过程中,必须严格遵守操作规程,确保采样工具洁净无污染,采样点选择具有代表性,避免由于采样不当导致的误差。同时,样品的保存也至关重要。不同的样品需要采取不同的保存方法,以确保其在运输和储存过程中不发生化学或生物变化,保持其原始状态。例如,对于易挥发的有机物样品,需采用密封、低温保存的方式;对于生物样品,则需保持其活性,避免死亡或变质。在运输过程中,应尽量减少样品的振动和温度变化,确保样品安全、完整地送达实验室。

(二)实验室分析的质量控制

实验室分析是生态环境数据获取的关键步骤,其质量控制直接关系着数据的可信度。为了实现这一目标,实验室需建立严格的质量控制体系。空白试验是其中的一项基础措施,通过分析空白样品,可以了解实验过程中的本底污染情况,为后续的数据校正提供依据。平行样分析则是通过同时分析多个相同样品,评估分析方法的稳定性和重复性,确保分析结果的可靠性。加标回收率试验则是向样品中加入已知浓度的标准物质,通过分析回收率来验证分析方法的准确性和灵敏度。这些内部质量控制措施共同构成了实验室分析质量控制的坚实基石。

(三)外部质控比对

除了内部质量控制外,外部质控比对是确保生态环境数据质量的重要手段。国家质控考核是其中最具权威性的方式之一,通过参加国家组织的质控考核,实验室可以了解自己的分析水平在全国范围内的位置,及时发现并纠正存在的问题。此外,使用标准样品进行比对也是一种有效的外部质控方法。标准样品是具有已知浓度或性质的物质,通过与分析结果的比对,可以评估实验室的分析能力和准确性。这些外部质控活动不仅有助于提升实验室的分析水平,还能为生态环境数据的准确性和可靠性提供有力保障。

(四)数据审核与剔除

监测数据在采集、分析和传输过程中可能会受到各种干扰和误差的影响,因此必须对数据进行严格的审核。这包括检查数据的完整性、合理性以及是否符合预期范围等。对于异常值和错误数据,必须及时剔除并进行重新分析或补测,以确保数据的真实性和可靠性。同时,建立数据审核的制度和流程,明确审核人员的职责和权限,也是确保数据质量的关键。通过这些措施的实施,可以有效地提高生态环境数据的准确性和可信度,为环境保护和生态管理提供有力支持。

第三节 数据处理与分析技术

一、生态环境数据处理技术

(一)数据清洗

在生态环境数据处理中,数据清洗作为数据处理的起点,肩负着去除原始数据中噪声、异常值和重复数据的重任,以确保数据的准确性和一致性。在生态环境领域,数据清洗的工作尤为复杂且细致。面对海量的监测数据,我们需要对缺失数据进行合理填补,避免信息的遗漏;同时,要精准识别并剔除那些因设备故障、操作失误或环境因素导致的异常值,确保数据的真实性。此外,重复监测记录的处理也是数据清洗的重要一环,通过算法和技术的巧妙运用,我们能够有效消除这些冗余信息,为后续的数据分析奠定坚实基础。数据清洗不仅是对数据的"净化",更是对信息质量的严格把控,它让我们在纷繁复杂的数据世界中,能够抓住核心、把握真谛,为生态环境保护和科学管理提供有力支撑。

(二) 数据集成

在生态环境领域,数据往往来源于多个不同渠道和平台,包括大气监测、水质检测、土壤分析以及生物多样性调查等。这些数据在格式、结构和标准上存在差异,给综合分析带来了巨大挑战。而数据集成技术,正是为了解决这一问题而生。它能够将来自不同源、不同格式的数据进行整合,形成一个统一、全面的数据视图。通过数据集成的巧妙运用,我们能够打破数据之间的壁垒,实现跨领域、跨平台的数据共享与融合。这不仅提高了数据的利用效率,更让我们能够从全局视角出发,对生态环境问题进行综合洞察和分析,为科学决策和精准治理提供有力依据。

(三) 数据转换

在生态环境数据处理的过程中,数据转换能够将数据从一种格式或结构转换为另一种格式或结构,以满足不同分析场景的需求。在生态环境领域,原始数据往往以多种形式存在,如文本、图像、声音等。这些数据在进行分析前,需要进行适当的转换和处理。例如,我们可以将文本数据转换为数值数据,以便进行量化分析和比较,或者将不同单位的数据进行统一,消除量纲差异带来的干扰。数据转换的灵活性,让我们能够根据不同分析任务的需求,对数据进行定制化处理,从而提高分析的准确性和效率。同时,数据转换也是实现数据标准化和规范化的重要手段,它为我们构建统一的数据标准和规范提供了有力支持。

(四)数据存储

数据存储,作为生态环境数据处理的最后一道防线,其重要性不容忽视。在生态环境领域,数据是宝贵的财富,也是科学决策和精准治理的重要依据。因此,确保数据的安全、可靠存储至关重要。数据存储技术通过建立高效、可靠的数据库系统,实现了数据的长期保存和可访问性。在生态环境数据处理中,我们需要根据数据的特性和需求,选择合适的存储方式和策略。例如,对于海量数据,我们可以采用分布式存储技术,提高数据的存储效率和可扩展性;对于敏感数据,我们可以采用加密存储技术,确保数据的安全性和隐私性。数据存储技术的不断发展和创新,为我们构建坚实的数据基石提供了有力保障,也让生态环境数据在保护和管理中发挥了更大的价值。

二、生态环境数据分析技术

(一)统计分析

1.描述性统计

描述性统计是统计分析的起点,它通过对生态环境数据的整理与概括,提供了一系列反映数据基本特征的统计量。均值作为数据的中心趋势指标,揭示了环境指标的平均水平;方差和标准差则量化了数据的离散程度,反映了环境指标的波动范围。此外,数据的分布情况,如正态分布、偏态分布等,也是描述性统计的重要内容,它们为后续的数据分析提供了基础框架。在生态环境数据分析中,描述性统计不仅有助于快速了解数据的整体状况,还能为异常值的识别和处理提供依据。

2.推断性统计

推断性统计则是基于样本数据对总体进行估计和预测的过程,假设检验是推断性统计中的核心方法之一,它通过对比样本数据与假设的总体参数,判断样本是否来自某个特定的总体,从而验证或推翻研究假设。在生态环境数据分析中,假设检验常用于评估环境指标是否达到某个标准或是否存在显著差异。而回归分析则是另一种重要的推断性统计方法,它通过建立环境指标与其他变量之间的数学模型,揭示它们之间的相关性和因果关系。通过回归分析,我们可以预测环境指标的变化趋势,为环境保护和生态管理提供科学依据。

(二)空间分析

1.地理信息系统(GIS)的应用

地理信息系统(GIS)是空间分析的核心工具,它能够将环境数据与其地理坐标相结合,实现数据的可视化展示和空间分析。在生态环境领域,GIS不仅可以展示环境指标的空间分布状况,如污染物的浓度分布、植被覆盖度的空间格局等,还能通过叠加分析、缓冲区分析等功能,揭示环境指标与地理要素之间的空间关系。这种空间视角的分析有助于我们更全面地理解环境问题的地域特征,为环境规划和决策提供支持。

2.空间统计与建模

空间统计与建模是空间分析的重要组成部分。空间自相关分析可以检测环境指标在空间上的相互依赖性,揭示空间聚集性或分散性特征。空间插值技术则能根据已知点的环境指标值,推算出未知点的指标值,实现环境数据的空间连续分布。此外,空间回归模型将环境指标作为因变量,地理要素和其他相关变量作为自变量,建立数学模型来揭示它们之间的空间关系。这些空间统计与建模方法为深入探索环境数据的空间规律和趋势提供了有力工具。

(三)数据挖掘

1.关联规则挖掘

关联规则挖掘是数据挖掘中的一项重要技术,它旨在发现数据项之间的有趣关联或相关模式。在生态环境数据分析中,关联规则挖掘可以用于发现环境指标之间的潜在联系。例如,通过分析水质监测数据,我们可以挖掘出不同水质指标之间的关联规则,如溶解氧与水温的负相关关系、氨氮与总磷的正相关关系等。这些关联规则的发现有助于我们更深入地理解环境系统的复杂性,为环境管理提供科学依据。

2.聚类分析

聚类分析是数据挖掘中的另一种常用技术,它根据数据之间的相似性和差异性,将数据划分为不同的类别或簇。在生态环境数据分析中,聚类分析可以用于识别具有相似环境特征的区域或时段。例如,通过对空气质量监测数据进行聚类分析,可以将不同地区的空气质量状况划分为优良、轻度污染、中度污染和重度污染等几个类别,从而更直观地了解空气质量的空间分布和时间变化特征。这种分类和识别有助于我们针对不同类别的环境问题制定差异化的管理和治理措施。

3.异常检测

异常检测是数据挖掘中的一项重要任务,它旨在识别数据中的异常值或异常行为。在生态环境数据分析中,异常检测可以用于发现环境指标中的异常变化或突发事件。例如,通过监测水质数据中的重金属浓度变化,我们可以及时发现异常升高的情况,并追溯其来源和原因。这种异常检测有助于我们及时应对环境突发事件,减少环境污染对生态系统和人类健康的影响。同时,异常检测也能为环境风险的评估和预警提供有力支持。

第四节 环境监测数据库建立与管理

一、生态环境监测数据库的建立

(一)需求分析

1.明确监测目标与范围

在着手建立生态环境监测数据库之初,首要任务是对监测的目标进行清晰界定。这包括确定监测的生态环境类型(如大气、水体、土壤等),以及具体的监测区域(如城市、乡村、自然保护区等)。目标的明确有助于后续数据的收集和数据库的设计更加具有针对性,确保数据库能够真实反映所关注生态环境的状况。

2.选定监测指标与标准

监测指标是生态环境监测数据库的核心内容,它们直接反映了生态环境的健康状况。在需求分析阶段,需要依据科学研究和实际应用的需求,选定一系列具有代表性且能够全面反映生态环境质量的监测指标。同时,还需明确这些指标的评价标准,以便后续对监测数据进行准确评估和分析。

3.确定数据更新频率与周期

生态环境是动态变化的,因此监测数据的更新频率和周期也是数据库需求分析中的重要考虑因素。根据监测目标的特点和实际需求,需要确定数据的采集频率(如实时、每日、每周等)以及数据库的更新周期(如月度、季度、年度等),以确保数据库能够及时反映生态环境的最新状况。

(二)数据收集

1.多样化监测设备的应用

数据收集是建立生态环境监测数据库的关键步骤。为了实现全面、准确的监测,需要借助各种先进的监测设备。例如,大气监测站可以实时监测空气质量指标,如PM2.5、PM10、二氧化硫等;水质监测站则能够监测水体的溶解氧、浊度、重金属含量等指标;土壤采样则通过定期采集土壤样本,分析土壤中的养分、污染物含量等。

2.数据采集技术的优化

为了提高数据收集的效率和准确性,需要不断优化数据采集技术。这包括采用自动化监测设备,实现数据的实时传输和远程监控;利用物联网技术,将监测设备与数据库系统无缝连接;采用高精度传感器,提高监测数据的精确度和可靠性。

(三)数据库设计

1.数据库架构的规划

数据库设计是生态环境监测数据库建立的核心环节。首先,需要规划数据库的总体架构,包括选择适合的数据库管理系统(如MYSQL、ORACLE等),确定数据库的存储方式(如集中式存储、分布式存储等),以及设计数据库的安全性和可靠性策略。

2.表结构与字段的设计

在数据库架构的基础上,需要详细设计数据库的表结构和字段。这包括根据监测指标和数据类型,设计合理的表结构,确保数据的存储和查询效率;为每个字段设定明确的数据类型和长度,确保数据的准确性和完整性;设置适当的索引和约束条件,提高数据库的查询性能和数据安全性。

3.数据关联与整合

生态环境监测数据往往涉及多个监测点和多种监测指标,因此需要在数据库设计中考虑数据的关联和整合。这包括设计合理的表间关系,实现不同监测点和指标之间的数据关联;采用数据集成技术,将来自不同来源的数据进行整合和统一存储;建立数据仓库或数据湖,为数据的深度分析和挖掘提供支持。

(四)数据录入

1.数据录入与校验

数据录入是形成完整生态环境监测数据集的关键步骤。在录入过程中,需要采用高效的录入工具和技术,如批量导入、自动化录入等,提高录入效率。同时,还需对数据进行严格的校验和核对,确保录入的数据与原始数据一致,并符合数据库的字段要求和约束条件。

2.数据的维护机制

随着生态环境的不断变化和监测工作的持续进行,数据库中的数据也需要不断维护。因此,需要建立完善的数据维护机制,包括定期更新监测数据、对过期数据进行清理和归档、根据实际需求对数据库进行扩展和优化。通过持续的数据更新和维护,可以确保生态环境监测数据库始终保持最新、最准确的数据状态,为生态环境保护和管理工作提供有力支持。

二、生态环境监测数据库的管理

(一)数据更新

在生态环境监测领域,数据的时效性和准确性是评估监测效果、制定科学决策的关键。因此,数据更新成为数据库管理不可或缺的一环。随着监测工作的持续深入,新的数据不断产生,旧的数据可能因时间推移而失去代表性。为确保数据库中的信息始终保持最新状态,需建立一套高效的数据更新机制。这包括定期从各监测站点收集最新数据,利用自动化工具或手动方式将新数据导入数据库,并对旧数据进行必要的替换或归档处理。同时,更新过程中需严格核对数据源的准确性和完整性,避免错误或遗漏信息进入数据库,从而确保数据分析与决策基于最新、最准确的数据基础。

(二) 数据备份

面对可能的数据丢失、损坏或系统故障,定期备份成为保护数据资产的重要手段。数据库管理员需制订详尽的备份计划,明确备份频率、备份方式(如全量备份、增量备份)以及备份存储位置。采用先进的备份技术,如云备份、磁带备份等,确保备份数据的可恢复性和安全性。同时,定期对备份数据进行测试,验证其完整性和可用性,以应对不时之需。通过构建多重备份机制,即使面对突发事件,也能迅速恢复数据,保证监测工作的连续性和数据的完整性。

(三) 数据访问权限管理

在生态环境监测数据库中,数据访问权限管理直接关系着数据的安全与隐私保护。合理的权限设置能够确保只有经过授权的人员才能访问和使用数据库中的数据,有效防止数据泄露或滥用。为实现这一目标,需建立严格的访问控制体系,包括用户身份验证、角色划分、权限分配等环节。通过为用户分配不同的角色和权限,如数据录入员、数据分析师、管理员等,确保各角色仅能访问与其职责相关的数据。同时,采用加密技术、日志记录等手段,监控数据访问行为,及时发现并处理异常访问情况。通过精细化的权限管理,既保证了数据的充分利用,又有效维护了数据的隐私与安全。

(四) 数据共享与开放

在生态环境监测领域保证数据安全和隐私的前提下,通过构建数据共享平台、制定数据开放政策,促进跨领域、跨部门的合作与交流。这不仅能够提高数据资源的利用效率,还能激发创新活力,推动生态环境监测技术的不断进步。为实现数据共享与开放,需建立统一的数据标准和规范,确保数据在不同系统和平台之间的互操作性。同时,加强数据共享的文化建设,鼓励科研人员、政府机构、企业等各方积极参与数据共享,共同推动生态环境监测事业的发展。通过数据共享与开放,构建更加开放、协同、创新的生态环境监测生态体系。

第五节　大数据与人工智能在数据处理中的应用

一、大数据在生态环境数据处理中的应用

(一)实时数据处理

1.高效数据接入与整合

在生态环境监测中,数据的实时性和准确性至关重要。大数据技术通过分布式数据处理框架,如 HADOOP 和 SPARK,能够高效地接入并整合来自各类环境监测设备的数据。这些设备可能分布在广泛的地理区域,包括空气质量监测站、水质监测点、土壤污染监测站等,它们实时产生大量的环境数据。大数据技术利用分布式存储和计算的优势,能够迅速地将这些数据接入系统中,并进行整合处理,确保数据的完整性和一致性。

2.实时数据清洗与校验

在实时数据处理过程中,数据清洗和校验是不可或缺的环节。环境监测设备可能受到各种干扰,如设备故障、数据传输错误等,导致收集到的数据可能包含异常值或错误数据。大数据技术通过实时数据清洗和校验机制,能够自动识别和过滤掉这些异常数据,确保进入后续分析环节的数据是准确可靠的。这有助于提高环境数据分析的准确性和可信度。

3.实时数据分析与决策支持

实时数据处理的核心在于能够迅速地对数据进行分析,并提供决策支持。大数据技术通过实时数据分析算法,如流处理算法、在线学习算法等,能够对海量环境数据进行实时分析,提取出有价值的信息和模式。这些信息可以用于监测环境状况的变化,及时发现潜在的环境问题,并为环境管理提供科学依

据。例如,在空气质量监测中,实时数据分析可以及时发现空气污染事件,为相关部门提供及时的预警和应对措施。

(二)预测性分析

1.历史数据挖掘与特征提取

预测性分析的基础在于对历史环境数据的深入挖掘和特征提取,大数据技术通过数据挖掘算法,如关联规则挖掘、聚类分析等,能够从历史数据中提取出关键的环境特征,这些特征可能包括污染物的浓度变化、气象条件的变化等。这些特征对于建立预测模型至关重要,它们能够反映环境状况的变化规律,为预测未来环境状况提供基础。

2.预测模型构建与优化

基于提取的环境特征,大数据技术可以构建预测模型,对未来环境状况进行预测。这些模型可能包括时间序列模型、回归模型、机器学习模型等。在模型构建过程中,大数据技术通过交叉验证、参数调优等手段,不断优化模型性能,增强预测的准确性和稳定性。预测模型可以用于预测空气质量的未来趋势、水质的未来变化等,为环境管理提供前瞻性的决策支持。

3.预测结果可视化与解读

预测性分析的最终目的是为决策者提供直观、易懂的预测结果。大数据技术通过数据可视化技术,如折线图、柱状图、散点图等,将预测结果以直观的方式呈现出来。同时,结合专业的环境知识,对预测结果进行解读和分析,帮助决策者理解预测结果的含义和可能的影响。这有助于决策者更好地把握环境状况的未来趋势,制定科学合理的环境管理策略。

(三)数据安全管理

1.数据加密与存储安全

在生态环境数据处理中,大数据技术通过数据加密技术,如 AES、RSA 等,对环境数据进行加密处理,确保数据在传输和存储过程中的安全性。同时,采用分布式存储技术,将数据分散存储在多个节点上,增强数据的容错性和可用性。此外,还可以设置访问控制机制,限制对数据的访问权限,防止未经授权的访问和泄露。

2.数据访问与操作审计

为了确保数据的安全性和隐私保护,大数据技术还需要建立数据访问与操作审计机制。通过记录用户对数据的访问和操作行为,包括访问时间、访问方式、操作类型等,形成详细的审计日志。这些日志可以用于监控数据的使用情况,及时发现并处理异常访问和操作行为。同时,审计日志还可以作为数据泄露或损坏时的追溯依据,帮助确定责任人和恢复数据。

二、人工智能在生态环境数据处理中的应用

(一)智能数据采集与处理

1.高效数据采集

在生态环境数据采集中,人工智能展现出了无与伦比的高效性和准确性。通过深度学习算法对传感器网络进行优化布局,人工智能能够确保传感器在关键区域密集分布,而在环境相对稳定或监测需求较低的区域则适当减少,从而实现资源的合理分配。这种智能化的部署方式不仅提高了数据采集的覆盖率,还极大减少了因传感器故障或维护不当导致的数据缺失。同时,人工智能驱动的智能设备,如无人机、遥感卫星等,能够深入人迹罕至或环境恶劣的地区,采集到传统方法难以获取的数据。这些数据涵盖了空气质量、水质参数、生物多样性指标等多个维度,为后续的生态环境数据分析和处理提供了坚实的数据基础。

2.自动化数据处理

面对海量的生态环境数据,通过机器学习算法,人工智能能够自动识别并

清洗数据中的异常值和噪声,确保数据的准确性和可靠性。此外,它还能将来自不同来源、不同格式的数据进行智能整合,形成统一的数据集,便于后续的分析和挖掘。这种自动化的数据处理流程不仅大幅提高了工作效率,还减少了人为操作带来的误差,使得生态环境数据的处理更加科学、规范。

(二)高级数据分析与挖掘中的数据处理

1.模式识别与趋势预测

人工智能在生态环境数据分析中,通过深度学习和时间序列分析技术,能够挖掘出海量数据中的隐藏模式和趋势。这些模式和趋势可能反映了环境变化的周期性规律、人类活动对环境的影响以及生态系统内部的相互作用等。通过对这些模式和趋势的深入分析,人工智能可以预测未来的环境变化,如空气质量的变化趋势、水质的恶化程度等。这种前瞻性的预测能力为环境管理提供了宝贵的决策支持,有助于提前制定应对措施,减少环境风险。

2.污染源智能识别与追踪中的数据处理

在环境污染治理中,人工智能通过结合图像识别和大数据分析技术,能够自动识别出污染源的位置和类型,如工业排放、农业污染、生活污水等。同时,它还能根据污染物的扩散路径和速度,追踪污染物的传播过程,为环境污染的治理提供精确的数据支持。这种智能化的污染源识别和追踪方法不仅提高了治理效率,还减少了因污染源不清而导致的治理盲目性,为生态环境的保护和改善提供了有力的技术支撑。

第四章 生态环境质量评估与报告

第一节 生态环境质量评估指标体系

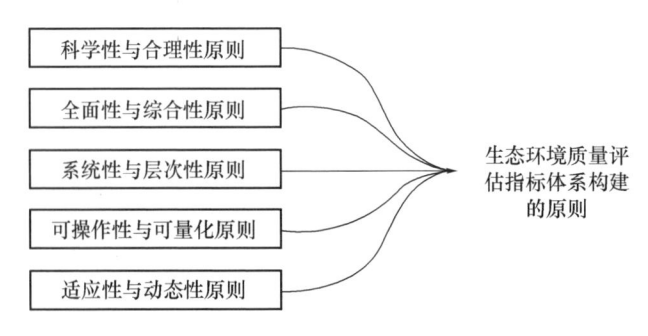

一、生态环境质量评估指标体系构建的原则

生态环境质量评估指标体系的构建,不仅为生态环境质量的量化评估提供了科学依据,使得我们能够更精准地掌握生态环境的现状及其变化趋势,还促进了生态环境治理的精细化与科学化。通过这一体系,可以及时发现生态环境中存在的问题,为制定针对性的保护措施提供数据支持。同时,它也有助于增强公众的环保意识,推动社会各界共同参与生态环境保护。因此,构建完善的生态环境质量评估指标体系,对于推动生态文明建设、实现可持续发展具有不可替代的作用,在构建过程中,应秉承着科学性与合理性、全面性与综合性、系统性与层次性、可操作性与可量化、适应性与动态性等主要原则,如图4-1所示。

图4-1 生态环境质量评估指标体系构建原则

第四章 生态环境质量评估与报告

(一)科学性与合理性原则

在构建生态环境质量评估指标体系时,科学性与合理性是首要遵循的原则。这一原则要求我们在选取指标、确定权重以及整个评估体系的设计上,都必须严格基于生态环境科学的专业理论和评估方法。科学性意味着我们要运用科学的知识和方法来识别哪些指标能够真实、准确地反映生态环境的状况和质量,确保评估结果的客观性和准确性。合理性则要求我们在构建指标体系时,要充分考虑各指标之间的内在联系和相互作用,避免指标的重复或遗漏,以及权重分配的随意性和主观性。通过科学性与合理性的双重保障,我们能够建立起一个既符合生态学原理,又能够客观反映生态环境质量状况的评估指标体系,为后续的生态环境治理和决策提供有力的科学依据。

(二)全面性与综合性原则

全面性要求指标体系必须涵盖生态环境治理的各个方面,包括大气、水、土壤、生物多样性、生态系统健康状况等多个维度,确保评估的全面性和无遗漏。这样,我们才能从多个角度和层面全面了解生态环境的状况,为治理措施的制定提供全面的信息支持。综合性则强调指标体系要能够综合反映生态环境治理的综合效益,即不仅要考虑单个指标的改善情况,还要关注各指标之间的相互关系和整体效益的提升。通过全面性与综合性的结合,我们能够更准确地评估生态环境治理的效果,为优化治理策略、提升治理效率提供科学依据。

(三)系统性与层次性原则

在构建生态环境质量评估指标体系时,系统性原则要求我们将指标体系视为一个整体,各指标之间应存在相互联系和相互作用的关系,形成一个有机的系统。这样,我们才能更好地理解生态环境各要素之间的内在联系,以及它们对整体环境质量的影响。层次性原则则强调指标体系应具有清晰的层次结构,通常包括一级指标、二级指标、三级指标等,形成一个多层次的评估体系。这种层次性的设计有助于我们更清晰地理解和分析评估结果,便于对生态环境质量进行分层次的评估和管理。通过系统性与层次性的结合,我们能够建立起一个既具有整体性又具备层次性的评估指标体系,为生态环境质量的全面评估提供有力的支持。

(四)可操作性与可量化原则

在构建生态环境质量评估指标体系时,可操作性要求指标的选取和权重的分配必须便于操作和实施,不能过于复杂或难以获取。这意味着我们在设计指标体系时,要充分考虑数据的可获得性和评估的可行性,确保评估工作能够顺利进行。可量化原则则强调指标应尽可能采用可量化的形式,以便进行数据的收集和分析。通过量化指标,我们能够更准确地衡量生态环境的状况和质量,为评估结果的客观性和准确性提供有力保障。同时,可量化的指标也更易于进行比较和趋势分析,有助于我们更好地了解生态环境质量的变化情况。

(五)适应性与动态性原则

适应性原则要求指标体系能够随着生态环境治理目标、任务和重点的变化而调整和更新。随着科技的进步和生态环境治理实践的深入,我们对生态环境的认识和理解也在不断变化,因此指标体系需要相应地进行调整和优化,以确保其能够准确反映当前的生态环境状况和质量。动态性原则则强调指标体系要能够及时反映生态环境治理的进展和成效。通过定期更新评估数据和指标,我们能够实时掌握生态环境质量的变化情况,为治理措施的调整和优化提供及时的信息反馈。通过适应性与动态性的结合,我们能够建立起一个既具有灵活性又具备时效性的评估指标体系,为生态环境质量的持续改善提供有力的支持。

二、生态环境质量评估指标体系中的主要评估指标

(一)生态环境质量评估指标体系中的环境质量指标

1.水环境质量

水环境质量是生态环境质量评估中的重要组成部分,它直接关系着人类生活用水的安全以及水生生态系统的健康与稳定。水质状况是衡量水环境质量的基础指标,通过检测水中的溶解氧、化学需氧量、氨氮、重金属等关键参数,可以全面了解水体的基本化学特性及污染程度。水体富营养化是近年来日益严峻的水环境问题之一,主要由于氮、磷等营养物质过量输入导致,会引发藻类大量繁殖,影响水质,严重时甚至导致水体生态系统崩溃。因此,监测水体中营养盐的含量及藻类生长情况,对于预防和控制富营养化至关重要。水生态系统健康则关注水生生物多样性与生态平衡,包括鱼类、底栖动物、浮游生物等的种类与数量,以及它们之间的相互关系,这些指标共同反映了水体自我恢复与维持生态平衡的能力。

2.大气环境质量

空气质量指数是一个综合指标,通过监测多种大气污染物(如 PM2.5、PM10、二氧化硫、二氧化氮、一氧化碳、臭氧等)的浓度,计算得出一个反映整体空气质量的数值,便于公众直观理解。主要污染物浓度是衡量大气中特定污染物含量的直接指标,对于评估污染源排放强度、制定减排措施具有重要意义。大气污染天数则记录了一年中空气质量达到或超过特定污染标准的天数,反映了大气污染的频率与持续时间。这些指标共同构成了大气环境质量评估的体系,为环境保护与气候变化研究提供了重要数据支持。

3.土壤环境质量

土壤环境质量是农业生产、生态安全与人体健康的基础。土壤污染状况是首要关注点,包括重金属、农药残留、有机污染物等的含量,这些污染物可能

通过食物链累积并对人类健康造成威胁。土壤肥力是评价土壤生产能力的重要指标,涉及土壤有机质、氮、磷、钾等营养元素的含量与比例,直接影响作物生长与产量。土壤生态系统稳定性则关注土壤微生物多样性、土壤结构与功能完整性,这些要素对于维持土壤生态服务功能、促进物质循环与能量流动至关重要。通过综合评估土壤环境质量,可以科学指导土地利用规划、土壤改良与污染修复工作,保障土壤资源的可持续利用。

(二)生态功能指标

1.水源涵养功能

水源涵养功能是生态系统对水资源保护与管理的基石,它体现了自然系统在水循环中的关键作用。这一功能不仅关乎水体的存储与净化,还直接影响下游地区的水资源供应质量与安全。茂密的森林、湿地与草原如同大地的"水库",通过植被的根系固定土壤,减缓水流速度,增加雨水下渗,从而有效减少地表径流,防止水土流失。同时,这些生态系统中的微生物与植物通过吸收、转化作用,能够净化水质,去除水中的有害物质。水源涵养功能的强弱,直接关系着区域水资源的可持续利用与生态平衡的稳定,是评价一个地区生态环境健康状况的重要指标之一。

2.生物多样性保护功能

生物多样性是地球上生命多样性的总称,包括物种多样性、遗传多样性和生态系统多样性三个层次。生态系统的生物多样性保护功能,是指其维持和促进生物种类丰富度、基因库完整性以及生态系统结构复杂性的能力。健康的生态系统能够提供多样的栖息地和食物来源,支持物种之间的相互作用与依存关系,从而维持生态平衡。例如,热带雨林作为"地球之肺",拥有极强的生物多样性,对于调节全球气候、保持水土、促进物质循环等方面发挥着不可替代的作用。生物多样性的丧失,往往预示着生态系统功能的退化,因此,评估生态系统的生物多样性保护功能,对于保护地球生物多样性和维持生态安全具有重要意义。

3.气候调节功能

气候调节功能是生态系统对全球气候变化的重要响应与反馈机制。森林、草原、湿地等自然生态系统通过光合作用吸收二氧化碳,释放氧气,不仅为地球生物提供了必要的生存条件,也有效减缓了温室效应。此外,植被还能通过蒸腾作用调节局部气候,降低地表温度,增加空气湿度,形成微气候环境,对缓解城市热岛效应、改善区域气候条件具有重要作用。生态系统的气候调节功能,是自然界自我调节能力的体现,对于维护地球气候系统的稳定性和人类社会的可持续发展至关重要。因此,准确评估这一功能,对于制定科学合理的生态保护策略、应对全球气候变化挑战具有重要意义。

(三)生态安全指标

1.生态系统稳定性

生态系统稳定性是衡量生态系统在面对自然或人为干扰时,保持其结构与功能相对稳定性的能力。这一指标反映了生态系统的韧性与恢复力,是生态安全的重要基石。稳定的生态系统能够抵御外来物种入侵、疾病传播、极端气候事件等外部压力,保持生物多样性与生态平衡。例如,成熟的森林生态系统,其复杂的结构使得物种之间形成了紧密的相互依赖关系,即使面临局部破坏,也能通过自我修复机制迅速恢复。生态系统稳定性的评估,有助于我们识别生态系统的脆弱环节,采取有效措施增强其抵抗力与恢复力,确保生态系统的长期健康发展。

2.生态环境风险

生态环境风险是指生态系统因自然或人为因素而面临的各种潜在威胁与危害的可能性及其后果。这一指标涵盖了污染事故风险、生态退化风险、自然灾害风险等多个方面。随着工业化、城市化进程的加快,人类活动对生态环境的影响日益加剧,生态环境风险也随之增加。例如,工业废水未经处理直接排放,可能导致水体污染,影响水生生物生存;过度开发土地资源,可能造成土壤侵蚀、土地荒漠化等生态问题。生态环境风险的评估,旨在识别潜在风险源,评估风险大小与影响范围,为制定风险防范与应对措施提供科学依据,从而保障生态环境安全,促进人与自然和谐共生。

第二节　生态环境质量综合评价方法

一、评分叠加与综合指数评价方法

(一)评分叠加法

1.评价参数的确定与分级

评价参数的选取是评分叠加法的基础。这些参数应涵盖生态环境的主要方面,如水质、空气质量、土壤状况、生物多样性等。在确定参数后,需根据评价原则及区域实际情况,将每个参数细分为五个等级,即一级(最优)、二级(良好)、三级(一般)、四级(较差)、五级(最差)。每个等级对应具体的指标范围,这些范围应基于科学研究和实际监测数据合理设定。

2.评分标准的制定

为便于量化评价,需为每个等级赋予相应的分值,通常采用五级评分制,即一级5分、二级4分、三级3分、四级2分、五级1分。这种评分方式既简化了计算过程,又保证了评价的客观性和准确性。

3.评价单元的数据采集与评分

针对每个评价单元(如某个区域、流域或生态系统),收集各项参数的实测数据。根据这些数据与预设的五级指标范围进行比对,确定每个参数所属等级,并赋予相应分值。这一过程需要确保数据的准确性和可靠性,以避免评价结果的偏差。

4.结果的可视化表达

将评价结果以图表形式呈现,如生态环境质量分布图、等级比例图等。这不仅有助于直观展示评价区域的生态环境质量状况,还为后续的环境管理、保护和规划提供了科学依据。

(二)综合指数法(质量指标法)

1.评价参数的选取与数据归一化

综合指数法,又称质量指标法,是另一种广泛应用于生态环境质量评价的方法。它通过对多项评价参数进行归一化处理、赋权和加权平均,得出一个综合反映生态环境质量的指数。与评分叠加法类似,综合指数法的第一步也是确定评价参数。不同的是,综合指数法更强调参数之间的相对重要性以及它们对整体生态环境质量的影响程度。因此,在选取参数时,需充分考虑其代表性、敏感性和可获得性。而数据归一化处理是综合指数法的关键步骤之一。它通过将评价参数的实测值与某一基准值(如标准值、平均值或特征值)相比,得到一系列无量纲的指数。这些指数不仅消除了量纲差异带来的影响,还使得不同参数之间具有可比性。

2.参数权重的确定

参数权重反映了各评价参数对整体生态环境质量贡献的大小。权重的确定方法多种多样,如专家打分法、主成分分析法、熵值法等。在实际应用中,应根据评价目的和区域特点选择合适的方法,并确保权重分配的合理性和客观性。

3.综合评价指数的计算与评价等级划分

在得到各参数的无量纲指数和权重后,通过加权平均的方式计算出综合评价指数。这个指数越高,表示生态环境质量越好;反之,则越差。为便于理解和应用综合评价指数,需将其按一定间隔划分为若干等级,如优秀、良好、一般、较差、极差等。每个等级对应具体的指数范围,并附有相应的解释说明。这种等级划分方式有助于快速了解评价区域的生态环境质量状况,并为决策提供支持。

4.环境因子评价函数曲线的构建

在生态环境评价中,部分生态因子可能缺乏明确且统一的标准。为解决这一问题,可以构建环境因子的评价函数曲线。这条曲线通常基于环境因子的质量标准或实际监测数据绘制而成,用于描述因子值与生态环境质量之间的关系。通过对比实测数据与曲线位置,可以更加直观地了解各因子的生态环境效应。

5.区域评价中的综合指标值排序

在区域生态环境评价中,各评价单元之间的生态环境条件存在差异,因此难以直接比较其综合评价指数。此时,可以将各评价单元的综合指标值进行排序,以确定相对的生态环境质量级别。这种排序方式不仅简单易行,而且能够反映各单元之间的相对优劣关系。

二、生态环境质量聚类分析与自然度评价方法

(一)聚类分析法

1.评价参数的选择与数据预处理

聚类分析法作为生态环境质量评价的重要手段之一,其核心在于通过数学方法将具有相似特征的评价单元归为一类,从而揭示生态环境的内在结构和分布规律。该方法不仅能够有效处理多指标数据,还能在复杂环境中提取关键信息,为生态管理提供科学依据。而聚类分析的第一步是确定评价参数,这些参数应全面反映生态环境的各个方面,包括但不限于水质、空气质量、土壤状况、生物多样性等。参数的选择需基于科学性和可操作性原则,确保数据的准确性和可获得性。数据预处理则包括清洗异常值、标准化处理以消除量纲差异和必要的缺失值填补,为后续分析奠定坚实基础。

2.模糊数学在聚类中的应用

面对生态环境评价中诸多模糊性、不确定性的因素,模糊数学成为聚类分

析的有力工具。通过构建模糊相似矩阵,利用最大隶属度原则或贴近度原则进行聚类,能够更准确地反映评价单元之间的相似程度。此外,模糊 C 均值算法、模糊 ISODATA 算法等高级聚类技术,能够进一步细化分类结果,提高评价的精确度和分辨率。

3.聚类结果的解释与生态意义挖掘

聚类分析得到的分类结果,需要结合生态学知识进行深入解读。比如,不同聚类群可能代表了不同的生态类型、健康状态或受干扰程度。通过对比分析各类的特征指标,可以识别出生态环境的关键影响因素,为生态保护与修复提供目标导向。同时,聚类结果还能为生态规划、环境监测和生态风险评估提供空间分布上的参考依据。

(二)自然度评价

1.自然度评价体系的构建

自然度评价体系通常基于植被自然度和土壤自然度两大方面。植被自然度可通过物种多样性、群落结构完整性、外来物种入侵程度等指标来评估;土壤自然度则考虑土壤质地、有机质含量、土层厚度等因素。为了更全面地反映生态环境状态,还需结合地形地貌、水文条件等自然要素,构建多层次、多维度的评价体系。

2.植被与土壤自然度的综合评价

在实际评价中,植被自然度和土壤自然度并非孤立存在,而是相互影响、共同作用于生态系统的整体健康。因此,需要将两者结合起来进行综合评估。例如,采用加权求和法或模糊综合评价法,根据各指标的重要性赋予不同权重,计算出综合自然度指数。这一指数能够更直观地反映生态环境的自然状态和受干扰程度。

3.自然度在生态恢复中的应用

自然度评价不仅是对现状的评估,更是指导生态恢复的重要依据。通过

■ 生态环境监测与管理

对比恢复前后的自然度变化,可以量化生态恢复的效果,为调整恢复策略提供科学依据。例如,在矿山生态修复项目中,通过植树造林、土壤改良等措施提高植被覆盖度和土壤质量,进而提升自然度等级,实现生态系统的逐步恢复和健康发展。

第三节 评估报告编制与发布

一、生态环境质量评估报告编制

(一)环境现状调查

1. 现场勘查

现场勘查是生态环境质量评估报告编制中不可或缺的一环,它直接关乎评估结果的准确性和可靠性。评估团队需深入评估区域,运用专业设备和技术手段,对自然环境、生态系统、污染源及敏感点进行全面而细致的实地查看。这一过程中,团队成员需详细记录地理位置、地形地貌、植被覆盖、水体状况、空气质量以及可能的污染源分布等信息。通过现场采样和即时监测,获取第一手的环境数据,为后续分析提供坚实的数据支撑。此外,现场勘查还应注重对环境敏感区的识别,如自然保护区、水源地等,以确保在评估过程中充分考虑其特殊性和保护需求。现场勘查的细致程度和专业性,直接关系着评估报告的科学性和实用性,是确保评估质量的关键步骤。

2. 资料分析

资料分析在生态环境质量评估报告编制中占据举足轻重的地位。它要求评估人员全面收集并整合评估区域的历史环境监测数据、科研报告、相关文献以及公开发布的环境信息。这些数据和信息构成了评估报告的重要基础,为深入理解环境现状、识别潜在问题提供了有力依据。在资料分析过程中,评估人员需运用统计学方法、数据可视化技术等手段,对收集到的数据进行系统梳理和深入分析。通过对比历史数据、识别数据变化趋势,可以揭示环境质量的演变规律,为评估当前环境状况提供科学依据。同时,结合相关科研成果和专家意见,对资料进行综合评判,确保分析结果的准确性和客观性。资料分析的深度和广度,直接影响着评估报告的全面性和权威性,是提升评估质量不可或缺的一环。

(二)环境影响分析

在生态环境质量评估报告的编制过程中,评估人员运用专业的环境影响预测模型或方法,对项目可能带来的环境效应进行深入剖析。通过科学预测,评估人员能够全面把握项目对环境的潜在影响,既包括可能带来的正面效应,如促进区域绿化、改善水质、提升生态系统服务功能等,也涵盖可能产生的负面影响,如空气污染、土壤退化、生物多样性减少等。环境影响分析不仅要求数据的准确性和模型的适用性,更强调分析的全面性和深入性,以确保项目在推进过程中能够充分考虑环境保护要求,制定有效的环境保护措施,最大限度地减少对环境的不良影响,实现经济发展与环境保护的双赢。

(三)生态环境质量评估报告编制中,报告撰写

1.报告结构

报告结构如同报告的骨架,支撑着整个报告的内容与逻辑。一般来说,生态环境质量评估报告的结构包括封面、目录、概述、环境现状调查、环境影响分析、环境保护措施、环境监测计划、结论与建议以及附件等关键部分。封面作为报告的"门面",应包含项目名称、编制单位、编制日期等基本信息,简洁明了,便于识别。目录则如同报告的"导航",清晰列出各章节及页码,方便读者快速定位感兴趣的内容。概述部分简要介绍评估背景、目的与意义,为读者提供报告的总体框架。环境现状调查详细记录评估区域的环境状况,为后续分析奠定基础。环境影响分析则深入剖析项目可能带来的环境影响,为制定保护措施提供依据。环境保护措施部分提出针对性的保护措施,确保环境质量

不受损害。环境监测计划则规划了未来的监测工作,确保环境保护措施的有效实施。结论与建议部分总结评估结果,提出改进建议。附件则包含相关数据、图表等支撑材料,增强报告的说服力。

2. 内容撰写

内容撰写是生态环境质量评估报告编制的核心环节。按照报告结构,详细撰写各部分内容,确保数据的准确性、分析的深入性以及措施的可行性是撰写的基本要求。在环境现状调查部分,应基于实地考察和资料收集,客观描述评估区域的环境状况,包括自然环境、社会环境以及生态环境等方面。数据要准确可靠,描述要翔实全面,为后续的环境影响分析提供坚实基础。环境影响分析部分则需运用科学的方法和模型,深入剖析项目可能带来的正面和负面影响,包括水质、空气、土壤、生态等多个方面。分析要深入透彻,既要看到直接影响,也要考虑到间接和潜在影响。环境保护措施部分应针对发现的环境问题,提出具体、可行的保护措施,包括污染防治、生态修复、环境管理等多个层面。措施要具有可操作性,能够真正落地实施。在撰写过程中,要注重逻辑清晰、条理分明,确保报告内容的科学性和实用性。

3. 图表制作

利用制图软件和分析工具,制作各类图表以直观展示环境数据和评估结果,可以大大提高报告的可读性和说服力。图表类型多样,如柱状图、折线图、饼图、散点图、地图等,应根据展示内容的需要选择合适的图表类型。例如,柱状图可以清晰地展示不同时间段或不同区域的环境质量指标对比;折线图则可以直观地反映环境质量随时间变化的趋势;饼图则适用于展示各类污染源在总污染中的占比情况;地图则可以直观地展示评估区域的环境状况及项目位置。在制作图表时,要注重图表的清晰度和美观度,确保图表与报告内容的紧密结合。同时,图表中的数据要准确无误,来源要明确标注,以增强图表的说服力和可信度。通过巧妙的图表制作,可以使报告内容更加生动、直观,便于读者快速理解和把握报告的核心内容。

二、生态环境质量评估报告发布

(一) 内部审核

在生态环境质量评估报告编制工作圆满结束后,编制单位需组织专业团队,对报告内容进行全面而细致的审查。这一过程中,审核人员将严格对照生态环境质量评估的标准与规范,逐一核查报告中的各项数据、分析结论以及提出的环境保护措施。他们不仅关注内容的准确性、科学性与合理性,还注重报告格式的规范性,确保每一部分都符合既定的要求。内部审核的目的在于及时发现并纠正报告中可能存在的错误或不足,为后续工作奠定坚实的基础。通过这一环节,可以有效提升报告的整体质量,增强其权威性和可信度,为后续的外部评审和审批发布打下良好的开端。

(二) 外部评审

外部评审是生态环境质量评估报告发布流程中的关键环节,它引入了第三方的专业视角,为报告的质量把关。在这一阶段,编制单位需邀请具有丰富经验和专业知识的专家或相关部门代表,对报告进行深入的评审。评审过程中,专家们将依据自身的专业知识和实践经验,对报告的内容进行全面剖析,从数据的可靠性、分析方法的合理性、结论的科学性等多个维度提出宝贵的意见和建议。外部评审不仅能够帮助编制单位发现报告中可能存在的盲点或疏漏,还能够为报告的进一步完善提供有力的支持。通过这一环节,可以确保报告更加全面、客观地反映评估区域的环境质量状况,为决策提供更加科学、可靠的依据。

(三) 修改完善

根据内部审核和外部评审的意见,对生态环境质量评估报告进行修改完善,是报告发布前不可或缺的一步。在这一阶段,编制单位需组织相关人员,对评审意见进行逐条梳理和分析,明确需要修改和完善的内容。修改工作不仅涉及数据的核对与调整,还包括分析方法的优化、结论的重新梳理以及环境保护措施的细化等多个方面。在修改过程中,编制人员需保持严谨的态度,确保每一处修改都基于充分的证据和科学的分析。同时,他们还需注重报告的连贯性和逻辑性,确保修改后的报告更加完善、合理。通过这一环节,可以进一步提升报告的质量,使其更加符合生态环境质量评估的要求,为后续的审批发布奠定坚实的基础。

(四)审批发布

如果报告获得审批通过,编制单位便需按照相关程序进行发布。发布方式多种多样,既可以通过官方网站、专业期刊等渠道进行公开发布,也可以通过内部会议、专题研讨会等形式进行定向传达。无论采取何种方式,都需确保报告的发布范围与受众相匹配,以便更好地发挥其在环境保护和决策支持方面的作用。审批发布的完成,标志着生态环境质量评估工作的圆满结束,也为后续的环境保护和管理工作提供了有力的科学依据。

第四节 评估结果的应用与反馈

一、生态环境质量评估结果的应用

(一)污染防控与治理

1.污染源识别与优先级设定

评估结果通过详尽的数据分析,揭示了污染源的分布状况,无论是点源污染还是面源污染,都无所遁形。同时,它还明确了污染物的种类及浓度,为识别主要污染源和确定治理重点提供了直接且有力的依据。在此基础上,相关部门可以精准施策,对污染严重的区域或行业实施重点监控和治理,确保资源得到高效利用,治理效果最大化。

2.治理效果评估与动态调整

生态环境质量评估并非一蹴而就,而是一个持续的过程。通过对比不同时期的评估结果,可以清晰地看到污染治理措施的实施效果。这不仅包括对污染物浓度变化的监测,更包括对生态环境整体改善程度的评估。若治理效果显著,则继续巩固和扩大成果;若效果不佳,则需及时调整和优化治理方案,确保污染问题得到有效控制和解决。这种动态调整机制,保证了污染治理工作的科学性和有效性。此外,评估结果还为污染预警和应急响应提供了重要支撑。通过对环境质量的实时监测和数据分析,可以及时发现潜在的污染风险,为相关部门提供预警信息,从而迅速启动应急响应机制,有效应对突发环境事件。

(二)生态修复工作的落实

1.生态受损程度与范围确定

在生态修复工作的落实过程中,生态环境质量评估结果同样发挥着不可替代的作用。它不仅帮助确定生态受损的程度和范围,更揭示了生态受损的深层次原因,为制订科学合理的生态修复计划奠定了坚实基础。评估结果通过细致的调查和分析,能够准确描绘出生态受损的"地图"。无论是森林砍伐、湿地退化还是水体污染,都能在评估结果中找到详细的记录。这不仅包括生态受损的地理位置和面积,还包括受损生态系统的类型和程度。这些信息为生态修复工作的规划和实施提供了重要的参考依据,确保了修复工作的针对性和有效性。

2.修复技术与方法选择

生态修复工作并非简单的植树造林或水体净化,而是需要根据生态受损的具体情况和原因,选择适宜的修复技术和方法。评估结果通过深入分析生态受损的成因和机制,为修复技术的选择提供了科学依据。无论是生物修复、物理修复还是化学修复,都能在评估结果的指导下找到最适合的应用场景。这不仅提高了修复工作的效率和质量,还降低了修复成本和环境风险。

3.修复效果监测

生态修复工作并非一劳永逸,而是需要长期监测和评估。评估结果通过定期监测生态修复区域的环境质量变化,可以及时了解修复工作的进展和效果。若修复效果显著,则继续巩固和扩大修复成果;若效果不佳,则需及时调整修复方案和技术手段,确保修复工作朝着预期目标稳步推进。这种监测与评估机制,保证了生态修复工作的科学性和可持续性。

二、生态环境质量评估结果的反馈

(一)生态环境质量评估结果的反馈内容

1.评估结果的准确性

准确性不仅关乎评估工作的可信度,更直接影响后续环境保护措施的制定与实施。在反馈过程中,需对评估方法进行全面审查,确保其科学、合理且符合行业规范。同时,数据来源的可靠性也是评估结果准确性的重要保障,应仔细核查数据的采集过程、样本代表性以及数据处理的准确性。此外,数据分析方法的恰当性同样不容忽视,需验证分析过程是否严谨、逻辑是否清晰,以及结论是否基于充分的数据支持。只有经过这样全面的审查,才能确保评估结果真实、客观地反映了生态环境质量的实际状况。

2.评估方法的适用性

在反馈中,应重点关注评估方法是否针对特定的生态环境质量评估场景进行了合理设计。这包括评估指标的选择是否全面、具有代表性,评估模型是否适用于当前的环境状况,以及评估过程中是否充分考虑了地域、气候、生态系统类型等特异性因素。若评估方法存在局限性或不足,如指标设置不合理、模型参数不准确等,应及时提出并深入探讨改进方案。通过不断优化评估方法,增强其对不同生态环境质量评估场景的适应性和准确性,从而确保评估结果的科学性和实用性。

3.评估结果的应用价值

评估工作的最终目的并非仅仅得出一个数值或结论,而是要将这些结果转化为实际的环境保护措施和政策建议。因此,在反馈中,应重点评价评估结果是否能够为环境保护措施的制定和实施提供科学依据,是否有助于识别环境问题的关键所在,以及是否能够为环境保护工作的持续改进提供明确的方向。同时,还需关注评估结果是否易于被相关部门和公众理解、接受和应用,以确保其在实际环境保护工作中发挥最大效用。

(二)反馈方式

1.专家评审

专家评审是生态环境质量评估结果反馈中一种重要且有效的方式。通过邀请相关领域的专家对评估结果进行评审,可以充分利用其专业知识和丰富经验,对评估工作的各个方面进行深入剖析和评价。专家评审不仅能够对评估结果的准确性、科学性和实用性提出专业意见和建议,还能够指出评估过程中可能存在的盲点和不足,为评估工作的改进提供有力支持。同时,专家评审还能够增强评估工作的权威性和公信力,提高评估结果在社会各界的认可度和接受度。

2.内部讨论

在评估工作完成后,组织团队成员对评估结果进行深入的讨论和交流,共同分析评估过程中遇到的问题和不足,探讨改进方案。内部讨论有助于促进团队成员之间的思想碰撞和知识共享,激发创新思维和解决方案的产生。通过充分的讨论和协作,可以及时发现并纠正评估工作中的偏差和错误,提高评估工作的整体质量和效率。同时,内部讨论还能够增强团队的凝聚力和协作精神,为后续的评估工作奠定坚实的基础。

第五章　生态环境规划与战略

第一节　生态环境规划的原则与目标

一、生态环境规划的主要原则

(一)以生态理论和社会主义经济规律为依据

生态环境规划,作为指导人类活动与自然环境和谐共存的重要蓝图,其基石在于生态理论与社会主义经济规律的深度融合。生态理论为人们提供了理解自然生态系统运作机制的科学基础,强调了生态平衡、物种多样性以及生态服务功能的重要性。在规划过程中,必须严格遵循这些理论,确保每一项规划决策都建立在尊重自然、顺应自然、保护自然的基础之上。同时,社会主义经济规律提醒我们,经济发展与环境保护并非零和博弈,而是可以相互促进、协同发展的。规划需充分考虑经济活动的环境成本与外部性,通过制度创新、技术进步等手段,实现经济效益与生态效益的双重提升,确保人类社会的发展既满足当代人的需求,又不损害后代人的发展权利。

(二)以经济建设为中心,以经济社会可持续发展战略思想为指导

生态环境规划虽以生态保护为核心,但绝非孤立存在,而是与经济建设紧密相连。规划应紧紧围绕经济建设这一中心任务,通过科学合理的布局与安排,为经济发展提供坚实的生态支撑。然而,这种支撑并非无条件地牺牲环

境,而是在经济社会可持续发展的战略思想指导下进行的。这意味着,所有经济活动都需在确保不对环境造成不可逆损害的前提下进行,通过绿色转型、循环经济等方式,实现经济增长与环境保护的良性互动。规划需明确经济发展的环境约束条件,设定合理的环境容量指标,引导产业向更加绿色、低碳、环保的方向发展,确保经济发展成果惠及全体人民,同时为后代留下更加美好的生态环境。

(三)合理开发、高效利用资源的原则

面对日益紧张的资源形势,规划必须摒弃传统的"高投入、高消耗、高排放"发展模式,转向"低投入、高产出、低污染"的可持续发展路径。这要求规划在资源开发上坚持节约优先,对水资源、土地资源、矿产资源等实行最严格的节约制度,提高资源利用效率。同时,通过技术创新与产业升级,推动资源利用方式的根本转变,实现资源的循环利用和废弃物的资源化利用。此外,规划还应关注资源的公平分配与代际平衡,确保资源的开发利用既满足当前发展的需要,又不损害未来世代对资源的合理需求,从而实现人与自然和谐共生的美好愿景。

(四)生态环境保护目标的可行性原则

生态环境规划作为指导未来环境保护与发展的重要纲领,其设定的目标必须坚持可行性原则。这一目标设定需立足于当前的实际条件,包括自然环境状况、社会经济发展水平、科技支撑能力等,确保目标既不过于理想化而难以实现,也不过于保守而缺乏挑战性。可行性原则要求规划者在制定目标时,进行深入的调研与分析,充分考虑各种内外部因素,如资源禀赋、环境容量、技术可行性、资金投入等,确保所设定的目标既符合环境保护的迫切需求,又能够在现有条件下通过努力得以实现。这样的目标不仅能够激发社会各界的参与热情,还能够为规划的实施提供明确的方向和动力,推动生态环境保护事业稳步前进。

(五)综合分析、整体优化原则

生态环境规划是一个复杂而系统的工程,涉及自然、经济、社会等多个方面,因此必须坚持综合分析、整体优化的原则。这一原则要求规划者在规划过程中要全面考虑各种影响因素,包括生态环境现状、发展趋势、人类活动影响、自然灾害风险等,进行深入的综合分析。通过构建多因素、多层次的评估体系,对规划方案进行科学评估,确保方案在环境保护、经济发展、社会和谐等方面都能达到最优状态。同时,整体优化还意味着要在不同目标之间进行权衡与协调,避免片面追求某一方面的利益而损害整体效益。通过综合分析、整体优化,确保生态环境规划方案的科学性、合理性和可持续性,为生态环境的长期保护和人类的可持续发展奠定坚实基础。

(六)以人为本

生态环境规划的根本目的是改善人类的生活环境,提高生活质量,因此必须坚持以人为本的原则。这一原则要求规划者在规划过程中,要充分考虑人类的生产和生活需求,确保规划方案能够切实解决人民群众关心的环境问题,如空气污染、水体污染、噪声污染等。同时,规划还应关注人类活动的生态影响,通过科学合理的布局和设计,引导人们形成绿色、低碳、环保的生活方式,促进人与自然和谐共生。以人为本还意味着要广泛听取公众意见,了解他们的环境诉求和期望,将公众参与作为规划过程的重要组成部分,确保规划方案能够真正反映民意、贴近民生。通过坚持以人为本,生态环境规划能更好地服务于人民群众,实现环境保护与经济发展的双赢。

(七)以资源环境承载力为前提

资源环境承载力是指在一定时期内,特定区域或城市所能承受的人类活动对自然资源和环境的最大压力。规划者在制定规划方案时,应深入分析区域和城市的资源禀赋、环境容量、生态敏感性等,确保人类活动在环境承载力的范围内进行,避免对生态环境造成不可逆的损害。同时,规划还应注重资源的节约与高效利用,推动循环经济和绿色发展,减轻对自然资源的依赖和压力。以资源环境承载力为前提进行规划,可以确保生态环境的长期稳定和健康发展,为人类的可持续发展提供坚实的生态基础。

二、生态环境规划的目标

(一)促进人与自然的和谐发展

1.实现生态平衡与人类福祉的统一

生态环境规划的首要目标,在于促进人与自然的和谐发展,这不仅是生态文明建设的核心要求,也是人类社会可持续发展的基石。规划需深入考量人类活动对自然环境的影响,确保经济活动、城市建设、资源开发等均在尊重自然规律、维护生态平衡的前提下进行。通过科学合理的空间布局与资源配置,减少人类活动对自然生态系统的干扰,保护生物多样性,恢复受损的生态系统,从而实现人与自然和谐共生的美好愿景。同时,规划应关注人类福祉的提升,确保生态环境的改善能够直接惠及民生,提高人民的生活质量与健康水平。

2.强化生态安全意识

规划需全面评估区域生态环境风险,识别潜在的生态危机点,制定有效的预防与应对措施。通过构建生态安全屏障,如生态廊道、自然保护区等,增强生态系统的韧性与稳定性,确保人类活动在安全的生态环境中进行。此外,规划还应加强生态监测与预警体系建设,及时发现并处理生态环境问题,保障人民的生命财产安全与生态安全。

(二)推动经济社会可持续发展

1.促进绿色经济发展

生态环境规划应与经济社会发展相协调,推动绿色经济发展,实现经济发展与环境保护的双赢。规划需引导产业结构向绿色化、低碳化转型,鼓励发展清洁能源、节能环保等绿色产业,限制高污染、高能耗产业的扩张。通过技术创新与产业升级,提高资源利用效率,减少污染物排放,降低经济活动对环境的负面影响。同时,规划应关注绿色经济的市场培育与机制建设,推动绿色金融、绿色贸易等新型业态的发展,为经济社会可持续发展提供新的动力源泉。

2.优化空间布局与资源配置

推动经济社会可持续发展,离不开科学合理的空间布局与资源配置。生态环境规划需根据区域资源禀赋、环境容量与经济社会发展需求,制定差异化的空间发展战略。通过优化城镇体系、产业布局与交通网络,实现空间资源的高效利用与均衡配置。同时,规划应关注城乡融合发展,推动城乡生态环境一体化保护与治理,缩小城乡差距,促进区域经济社会协调发展。

(三)提高生态环境质量

1.改善空气质量

提高生态环境质量,首要任务是改善空气质量。规划需针对区域空气污染现状,制定针对性的治理措施。通过加强工业排放控制、推广清洁能源使用、优化交通结构等方式,减少大气污染物排放。同时,规划应关注城市绿化与生态建设,增大城市绿地面积,提高城市绿化覆盖率,吸收二氧化碳等温室气体,改善城市微气候,提升空气质量。

2.提升水质与土壤质量

规划需加强水资源保护与管理,实施严格的水资源管理制度,防止水体污染与过度开发。通过建设污水处理设施、推广节水技术等方式,提高水资源利用效率,保障水质安全。同时,规划应关注土壤污染防治与修复,加强对重金属污染、农药残留等问题的治理,保护土壤生态功能,确保农产品安全与人体健康。

(四)建立生态文明体系

1.加强生态教育与文化建设

规划应关注公众生态意识的增强,通过学校教育、社会宣传等多种途径,普及生态知识,增强公众环保意识。同时,规划应推动生态文化建设与发展,倡导绿色生活理念与消费模式,形成全社会共同参与生态保护的良好氛围。通过生态教育与文化建设的深入实施,培养公众的生态文明素养与责任感,为生态文明体系的建立提供坚实的思想基础。

2.推广绿色生活方式与技术创新

建立生态文明体系,还需推广绿色生活方式与技术创新。规划应鼓励公众采取绿色出行、节能减排、垃圾分类等环保行为,形成绿色生活的新风尚。同时,规划应关注绿色技术的研发与应用,推动清洁能源、节能环保等领域的技术创新与成果转化。通过绿色生活方式的推广与绿色技术的创新应用,降低人类活动对环境的负面影响,提高资源利用效率与生态效益。此外,规划还应加强国际合作与交流,借鉴国际先进经验与技术成果,共同推动全球生态文明体系的建立与发展。

第二节 区域生态环境规划方法

一、地理相关与空间叠置区域生态环境规划方法

(一)地理相关法

1.数据与资料整合

地理相关法的首要步骤是整合各类专业地图、文献资料和统计数据,这些数据应涵盖区域生态环境的多个方面,如地形地貌、气候条件、植被分布、土壤

类型、水资源状况以及人类活动等。为确保数据的准确性和可比性,所有选定的数据和图表均需统一标记或通过坐标网转换至同一底图上,形成全面、统一的地理信息基础。

2.生态要素关系分析

在数据整合的基础上,地理相关法强调对区域内不同生态要素之间关系的深入分析。这包括识别各要素之间的相互作用、依赖关系以及可能存在的冲突点。例如,气候与植被分布的关系、土壤类型与农业生产的适应性、水资源状况与生态系统稳定性的关联等。通过相关分析,揭示出区域生态环境的内在规律和特征。

3.生态组合综合图绘制

根据相关分析的结果,绘制生态组合综合图,将不同生态要素的空间分布和相互关系以直观的方式呈现出来。这一过程不仅有助于识别区域生态环境的整体格局,还能为后续的规划工作提供重要的空间参考。综合图的绘制应注重色彩的搭配和图例的设计,以确保信息的清晰传达。

4.区域划分与合并

在生态组合综合图的基础上,地理相关法进一步要求根据生态要素的相关程度和空间分布特征,进行不同级别的区域划分或合并。这一步骤旨在将具有相似生态特征的区域归并在一起,形成具有明确边界和内部一致性的生态单元。区域划分与合并应充分考虑生态要素的空间连续性和生态过程的完整性,以确保规划方案的科学性和合理性。

(二)空间叠置法

1.分区要素图准备

空间叠置法的实施首先需要准备各类分区要素图,这些图纸应涵盖气候、地貌、植被、土壤、农业、工业、土地利用、林业等多个方面。每类分区要素图都应基于科学的方法和严谨的数据分析进行编制,以确保其准确性和可靠性。

在实际应用中,这些图纸通常来源于各部门的专业规划和研究成果。

2.空间叠置与界线确定

将各类分区要素图进行空间叠置,是空间叠置法的核心步骤。通过叠置操作,直观地观察不同分区要素在空间上的重叠和交叉情况。在此基础上,以相重合的界线或平均位置作为新区划的界线,形成综合的生态地域划分方案。这一步骤要求规划者具备较高的空间分析能力和综合判断能力,以确保新区划的科学性和实用性。

3.结合地理相关法优化方案

在实际应用中,空间叠置法通常与地理相关法结合使用,以充分发挥两者的优势。地理相关法通过分析生态要素之间的内在联系和规律,为空间叠置提供科学的依据和指导;而空间叠置法则通过综合多源信息,优化区域划分方案,确保规划方案既符合生态规律又满足实际需求。这种结合使用的方法有助于提升区域生态环境规划的整体质量和效果。

二、主导标志与景观制图区域生态环境规划方法

(一)主导标志法

1.主导标志的选择与确定

主导标志法作为区域生态环境规划的重要方法,其核心在于准确识别并选定能够反映生态环境功能地域分异的主导因素。这一过程需要综合运用生态学、地理学、环境科学等多学科的知识,通过深入分析研究区域的自然环境特征、生态系统结构、生态服务功能以及人类活动影响等多方面的信息,来确定那些对生态环境功能具有决定性影响的关键因素。这些主导因素可能包括气候、地形地貌、水文条件、土壤类型、植被覆盖度等自然要素,也可能涉及土地利用方式、生态系统服务价值等人为因素。

2.边界划分与修正机制

在确定了主导标志后,下一步是根据这些标志或指标来划分区域边界。

这一步骤要求规划者具备高度的空间分析能力和综合判断能力,能够准确地将主导标志的空间分布特征转化为具体的区域边界。同时,为了确保边界划分的科学性和合理性,还需要引入其他生态要素和指标进行修正。这些修正因素可能包括生物多样性、生态敏感性、生态脆弱性等多个方面,它们能够帮助规划者更加全面地考虑生态环境的复杂性和多样性,从而避免单一因素导致的边界划分偏差。

3.综合分析与区域划分

主导标志法的最终目标是实现对区域的科学划分,为后续的生态环境规划和管理提供基础。在这一过程中,规划者需要综合运用主导标志和其他修正因素,对研究区域进行综合分析。通过比较不同区域的生态环境特征、生态服务功能以及人类活动影响等方面的差异,划分出具有明确生态功能和管理目标的区域单元。这些区域单元不仅反映了生态环境的空间分异规律,也为后续的生态环境保护和可持续发展提供了重要的科学依据。

(二)景观制图法

1.景观类型图的编制

景观制图法是基于景观生态学原理的一种区域生态环境规划方法。其核心在于根据空间位置和景观类型组合,编制出反映研究区域生态环境特征的景观类型图。这一步骤要求规划者具备深厚的景观生态学知识和空间分析能力,能够准确识别并划分出不同的景观类型。景观类型图不仅展示了研究区域内各种景观类型的空间分布和组合特征,还为后续的景观区域划分提供了重要的基础数据。

2.景观区域的划分与特征分析

在编制了景观类型图的基础上,下一步是根据景观类型的空间分布和组合特征,划分出不同的景观区域。这些景观区域具有相对独立的生态要素组合、生态过程和人为干扰特征,反映了研究区域生态环境的多样性和复杂性。

通过对不同景观区域的分析和比较,深入了解它们的生态环境特征、生态服务功能以及人类活动影响等方面的差异,为后续的生态环境规划和管理提供重要的科学依据。

3.空间单元创建与层次划分

在景观制图法中,空间单元的创建和层次划分是至关重要的一步。通过对景观类型图和景观区域的深入分析,根据一定的规则创建出不同层次的空间单元。这些空间单元可能包括生态保护区、生态恢复区、生态利用区等多个类型,它们在不同的空间尺度上反映了生态环境的空间分异规律和管理需求。同时,对这些空间单元进行层次划分,可以建立起一个完整而有序的空间规划体系,为后续的生态环境管理提供有力的支持。

4.景观制图法在区域生态环境规划中的应用

景观制图法作为一种可视化的工具,在区域生态环境规划中具有广泛的应用价值。它不仅能够帮助规划者更加直观地了解研究区域的生态环境特征,还能够为后续的规划和管理提供科学的依据。运用景观制图法可以实现对生态环境的精准定位和有效管理,促进对生态环境的保护和可持续发展。同时,景观制图法还能够与其他规划方法相结合,形成更加完整和科学的区域生态环境规划体系,为构建生态文明社会贡献重要的力量。

第三节 生态环境保护战略规划

一、生态环境保护战略规划的指标设定

(一)科学性

在构建生态环境保护战略规划的指标体系时,科学性是基石,它要求指标必须精准地触及生态环境保护的核心领域与关键问题。这意味着,指标的选取不能随意,而应基于深入的科学研究和充分的数据支撑,确保每一项指标都

能准确反映生态系统的健康状况及人类活动对其的影响。科学性还体现在指标的代表性上,即所选指标应能全面概括生态环境保护的各个方面,如生物多样性、水资源保护、空气质量、土壤污染控制等,避免片面性或遗漏重要领域。此外,指标的设定还需考虑生态系统的复杂性和动态性,确保能够随着生态环境状况的变化而适时调整,从而保持其科学性和时效性。通过科学设定的指标,我们可以更准确地把握生态环境保护的脉搏,为制定有效的政策和措施提供坚实的科学依据。

(二) 可量化

只有将抽象的生态环境概念转化为具体、可度量的指标,才能对规划的执行情况进行客观、准确的评估。可量化要求指标具有明确的衡量标准和计算方法,能够通过数据收集、监测和分析来验证规划的实施成效。例如,空气质量可以通过 PM2.5 浓度、二氧化硫排放量等具体指标来量化;水资源保护则可以通过水质达标率、用水量控制等指标来衡量。可量化的指标不仅便于监测和评估,还能增强规划的可操作性和可比较性,为决策者提供直观、可靠的数据支持,有助于及时调整策略,确保规划目标的实现。

(三) 可达性

可达性是生态环境保护战略规划指标设定的一个重要原则。它要求指标既要有一定的挑战性,激发各方面的积极性和创造力,又要确保在规划期内通过努力是可以实现的。这意味着指标的设定不能过高或过低,过高可能导致挫败感,影响实施动力;过低则可能缺乏激励作用,无法推动生态环境的实质性改善。可达性的实现需要充分考虑地区差异、技术条件、经济能力等因素,确保指标既符合实际,又具有前瞻性。通过设定可达性指标,可以明确生态环境保护的目标和方向,激发社会各界共同参与的热情,形成合力,推动生态环境保护事业不断向前发展。同时,可达性也为规划的实施提供了清晰的时间表和路线图,有助于监测进度、评估效果,及时调整策略,确保规划目标的顺利实现。

二、制定生态环境保护战略规划重点任务与措施

（一）重点任务

1.污染源治理

污染源治理是生态环境保护战略规划的首要任务。在工业领域,需严格实施排放标准,推动传统产业升级改造,采用清洁生产技术和工艺,减少废水、废气、废渣等污染物的产生。同时,加强对工业集聚区的环境监管,确保污染物达标排放。在农业领域,推广生态农业模式,减少化肥、农药的使用量,降低农业面源污染。此外,还应关注生活污染源,如城市污水、垃圾处理等,通过建设和完善污水处理设施、垃圾分类回收体系,有效减少生活污染物的排放。通过全面治理污染源,从源头上控制污染物的产生,为生态环境的持续改善奠定坚实基础。

2.受损生态系统功能恢复

受损生态系统功能的恢复是生态环境保护战略规划的重要组成部分。针对因人类活动而受损的森林、湿地、草原等生态系统,需采取科学合理的修复措施,如植树造林、湿地恢复、草原改良等,以恢复其原有的生态结构和功能。同时,加强对自然保护区、生态脆弱区的保护和管理,防止生态破坏的进一步扩大。通过生态系统的恢复与重建,不仅可以提升生态系统的自我修复能力,还能为生物多样性的保护提供有力支撑,促进生态环境的良性循环。

3. 资源节约与循环利用

资源节约与循环利用是生态环境保护战略规划的一个关键任务。为实现这一目标,需大力推广节能减排技术,提高能源利用效率,降低能源消耗和碳排放。在工业领域,鼓励企业采用先进的节能技术和设备,实施能源管理标准化,减少能源浪费。同时,积极推动循环经济的发展,通过资源的再利用和再

循环,实现废物的减量化、资源化和无害化处理。在全社会范围内倡导绿色消费理念,鼓励公众选择环保产品和服务,共同推动资源节约型和环境友好型社会的建设。

(二)生态环境保护战略规划措施制定

1.技术创新

技术创新是推动生态环境保护战略规划实施的重要驱动力。应加大对生态环境保护领域技术创新的支持力度,鼓励科研机构和企业开展关键技术攻关,提升污染治理和生态修复的技术水平。同时,加强技术成果的转化和应用,将先进的环保技术转化为实际的生产力,提高治理效率和效果。此外,还应建立完善的技术创新体系,加强国际合作与交流,引进和消化吸收国际先进的环保技术和管理经验,为我国生态环境保护事业提供有力的技术支撑。

2.开展环保宣传活动

开展环保宣传活动是增强公众环保意识、形成全社会共同参与生态环境保护的重要途径。应充分利用多媒体平台,如电视、广播、网络等,广泛宣传环保知识和理念,提高公众对生态环境保护的认识和重视程度。同时,组织丰富多彩的环保活动,如环保讲座、绿色出行、垃圾分类宣传等,引导公众积极参与环保行动。通过持续不断的环保宣传活动,营造全社会共同关注、支持和参与生态环境保护的浓厚氛围,为推动生态环境保护战略规划的实施奠定坚实的群众基础。

第四节 规划实施与评估机制

一、生态环境规划的实施

（一）组织架构与职责分工

1.成立专门机构

在生态环境保护规划的宏伟蓝图中，成立一个专门的生态环境保护规划实施机构或领导小组是至关重要的。这一机构将作为规划实施的指挥中心，汇聚来自环保、林业、水利、农业等多领域的专家与精英，共同为规划的有效落地贡献智慧与力量。该机构的核心职责在于全面负责组织、协调和监督规划的实施工作，确保各项措施能够按照既定计划稳步推进。通过设立这样的专门机构，可以强化规划的权威性和执行力，有效避免部门间推诿扯皮的现象，形成上下一心、齐抓共管的良好局面。机构内部应构建科学合理的组织架构，明确各部门职责，确保工作高效有序进行。

2.明确职责分工

在生态环境保护规划的实施过程中，涉及多个部门和单位的协同作战。为确保各项工作任务能够得到有效落实，必须明确各相关部门和单位的具体职责分工。这要求政府相关部门根据各自职能和专长，被赋予明确的规划实施任务，并制定相应的职责清单。清单中应详细列出各部门的工作内容、责任范围、考核标准等，确保每项任务都能找到对应的责任主体。同时，还应建立健全责任追究机制，对规划实施不力、失职渎职的行为进行严肃处理，以此强化各部门的责任感和使命感，确保规划实施的高效性和规范性。

(二)制订详细实施计划

1.阶段划分

在生态环境保护规划的实施过程中,应将整个实施过程划分为若干个明确的阶段,每个阶段都应设定清晰、可衡量的目标。这些目标应紧密围绕规划的总体要求,既体现阶段性成果,又为后续工作奠定基础。同时,要明确每个阶段的具体任务和时间节点,形成严格的时间表。通过阶段划分,可以使得规划实施过程更加有序、可控,便于及时发现问题、调整策略,确保规划目标的顺利实现。例如,在初期阶段,可着重于资金筹集和项目启动;中期阶段则聚焦于项目实施、技术攻关和监测评估;后期阶段则侧重于成果总结、经验推广和持续改进,以此确保规划实施的连贯性和有效性。

2.任务分解

在生态环境保护规划中,各项任务应被细化为具体的行动项目,这些项目应明确责任主体、实施步骤、所需资源和时间要求。通过制订详细的项目计划书,可以使得每项任务都有明确的执行路径和时间节点,便于跟踪和监督。任务分解的过程应充分考虑实际情况和可行性,确保分解后的任务既具有可操作性,又能有效支撑规划目标的实现。同时,还应建立健全任务执行过程中的沟通协调机制,及时解决实施过程中遇到的问题和困难,确保各项任务能够按照计划顺利推进。通过任务分解和细化,可以使得规划实施更加具体、明确,为规划的成功实施奠定坚实基础。

(三)人才支撑与社会监督

1.加强生态环境保护专业人才培养

在生态环境保护的宏伟征程中,专业人才是支撑规划实施、推动事业发展的关键力量。为了提升规划实施的专业化水平,必须高度重视生态环境保护专业人才的培养和引进工作。一方面,要加大对现有专业人才的培训力度,通过举办专题培训班、研讨会、学术交流等形式,不断更新他们的知识结构,提升他们的专业素养和实践能力。培训内容应涵盖生态环境保护的最新理论、技术方法、政策法规等多个方面,确保他们能够适应新时代生态环境保护工作的需求。另一方面,要积极引进国内外优秀的生态环境保护专业人才,为他们提供广阔的发展平台和优厚的待遇条件,吸引他们投身到生态环境保护的伟大事业中来。同时,还应建立健全人才激励机制,对在生态环境保护工作中表现突出的专业人才给予表彰和奖励,激发他们的积极性和创造力,为规划的实施提供强有力的人才支撑。

2.加强社会监督

在规划实施过程中,应充分发挥媒体、非政府组织等社会力量的监督作用,形成全方位、多层次的监督体系。媒体作为信息传播的重要渠道,应及时报道规划实施的进展情况,揭露存在的问题和不足,引导公众关注生态环境保护工作,形成强大的社会舆论压力。非政府组织则可以通过开展调查研究、提出政策建议、参与项目评估等方式,对规划实施进行专业性的监督,为政府决策提供科学依据。同时,政府也应主动接受社会监督,建立健全信息公开制度,及时公开规划实施的相关信息,保障公众的知情权、参与权和监督权。通过加强社会监督,可以推动规划实施的公开透明,促进政府与社会各界的良性互动,共同推动生态环境保护事业的健康发展。

二、生态环境规划的评估机制

(一)生态环境规划的评估方法与流程

1.方法选择

评估方法需紧密围绕评估目标和指标体系进行精心设计,以确保评估结果的准确性和有效性。定量分析作为一种科学、客观的评估手段,通过收集和处理大量数据,运用数学统计和模型分析等方法,对生态环境规划的实施效果进行量化评估,为决策提供有力依据。而定性分析则侧重于对规划实施过程中的现象、问题进行深入剖析,通过专家访谈、问卷调查等方式,收集各方意见和建议,为评估提供更为全面、深入的信息。此外,对比分析也是不可或缺的一种方法,通过对比规划实施前后的环境变化、资源利用效率等指标,直观展示规划的实施成效。在实际操作中,应综合考虑评估目标、数据可获得性、评估成本等因素,灵活选择或组合使用这些方法,以构建科学、合理、全面的评估体系。

2.流程设计

流程设计是生态环境规划评估工作的核心框架,它确保了评估工作的有序进行和高效实施。一方面,数据收集是评估的基础,需通过多渠道、多方式广泛收集与规划实施相关的数据资料,包括环境监测数据、社会经济数据、政策文件等。另一方面,数据分析是评估的关键环节,需运用专业的分析工具和方法,对收集到的数据进行深入挖掘和分析,以揭示规划实施过程中的问题、趋势和规律。而且,结果评估是基于数据分析得出的结论,需对规划实施的整体效果、目标达成度、存在问题等进行综合评价,并提出改进建议。并且,问题反馈是评估工作的落脚点,需要将评估结果及时反馈给相关部门和决策者,为其调整和优化规划实施方案提供科学依据,形成评估与改进的良性循环。

(二)生态环境规划的定期评估与动态调整

1.定期评估

定期评估是生态环境规划实施过程中不可或缺的一环,它有助于及时发现并解决问题,确保规划目标的顺利实现。通过设定合理的评估周期,如季度、半年或一年,定期对规划的实施情况进行全面梳理和评估,可以及时了解规划实施的进度、成效以及存在的问题。在评估过程中,应注重数据的真实性和可靠性,确保评估结果的客观性和准确性。同时,还应建立有效的沟通机制,鼓励公众参与评估,收集各方意见和建议,为规划的持续改进提供有力支撑。通过定期评估,可以及时发现规划实施中的偏差和不足,为决策者提供调整合优化方案的依据,确保规划目标的稳步实现。

2.动态调整

动态调整是生态环境规划实施过程中的重要机制,它根据定期评估的结果和实际情况,对规划实施方案进行灵活调整和优化,以确保规划目标的最终实现。在动态调整过程中,应充分考虑评估结果反映的问题和趋势,以及外部环境的变化和新的政策要求,对规划的实施方案进行全面审视和评估。对于存在的问题和不足,应及时制定针对性的改进措施和方案,并明确责任主体和时间节点,确保调整措施的有效落实。同时,还应建立动态监测和评估机制,对调整后的实施方案进行持续跟踪和评估,及时调整和优化措施,确保规划目标的动态调整和持续优化。通过动态调整机制,可以确保生态环境规划在实施过程中始终保持灵活性和适应性,有效应对各种挑战和变化,推动规划目标的顺利实现。

第六章　环境污染防治与生态修复技术

第一节　大气污染防治技术

一、颗粒污染物控制技术

(一)除尘装置的性能指标

1.除尘器的经济性

经济性是评价除尘器性能的重要指标,它包括除尘器的设备费和运行维护费两部分。设备费主要是材料的消耗,还包括设备加工和安装的费用以及各种辅助设备的费用。设备费在整个除尘系统的初投资中占的比例很大,在各种除尘器中,以电除尘器的设备费最高,袋式除尘器次之,文丘里除尘器、旋风除尘器最低。除尘系统的运行管理费主要指能源消耗,对于除尘设备主要有两种不同性质的能源消耗:一是使含尘气流通过除尘设备所做的功;二是除尘或清灰的附加能量。其中,文丘里除尘器能耗最高,而电除尘器最低,因而运行维护费也低。在综合考虑比较除尘器的费用时,要注意到设备投资是一次性的,而运行费用是每年的经常费用。因此若一次投资高而运行费用低,这在运行若干年后就可以得到补偿。运行时间越长,越显出其优越性。

2.评价除尘器性能的技术指标

(1)处理能力

处理能力是指除尘装置在单位时间内所能处理的含尘气体的流量,一般用体积流量表示。实际运行的除尘装置由于漏气等原因,进出口气体流量往往并不相等,因此用进口流量和出口流量的平均值表示处理能力。

(2)除尘效率

除尘效率是指被捕集的粉尘量与进入装置的粉尘量之比。除尘效率是衡量除尘器清除气流中粉尘的能力的指标,根据总捕集效率,除尘器可分为低效除尘器(50%~80%)、中效除尘器(80%~95%)、高效除尘器(95%以上)。习惯上一般把重力沉降室、惯性除尘器列为低效除尘器;中效除尘器通常指颗粒层除尘器、低能湿式除尘器等;电除尘器、袋式除尘器及文丘里除尘器则属于高效除尘器范畴。

(3)除尘器阻力

除尘器阻力表示气流通过除尘器时的压力损失。阻力大,用于风机的电能也大,因而阻力也是衡量除尘设备的耗能和运转费用的一个指标。根据除尘器的阻力,可分为:低阻除尘器(500 PA),如重力沉降室、电除尘器等;中阻除尘器(500~2 000 PA),如旋风除尘器、袋式除尘器、低能湿式除尘器等;高阻除尘器(2 000~20 000 PA),如高能文丘里除尘器。

(二)除尘装置分类

1.机械式除尘器

机械式除尘器是工业除尘领域中的基础设备,其设计原理主要基于物理力学作用,通过重力、惯性或机械能等方式实现颗粒物的分离与捕集。重力沉降室利用颗粒物自身重力作用,使其在重力作用下自然沉降,适用于处理大颗粒、重质粉尘。旋风除尘器则通过高速旋转的气流产生离心力,将颗粒物甩向器壁并滑落收集,其结构简单、操作方便,但对细微颗粒的捕集效率有限。惯性除尘器依靠气流方向的急剧改变,使颗粒物因惯性作用撞击并沉积在特定表面。机械能除尘器则通过振动、撞击等机械作用使颗粒物从气流中分离。这类除尘器因结构简单、造价低廉、维护便捷而广泛应用于预处理阶段,作为多级除尘系统的初步过滤环节,有效减轻后续处理负担。

2.洗涤式除尘器

洗涤式除尘器,顾名思义,是利用水或其他液体作为除尘介质,通过喷淋、文丘里效应、水膜形成或自激作用等方式,使颗粒物与液体充分接触、润湿并被捕集。喷淋洗涤器通过喷嘴喷射水雾,与含尘气流充分混合,实现除尘目的。文丘里洗涤器利用缩径-扩径结构产生高速气流,使水滴与颗粒物高效碰撞凝聚。水膜除尘器则通过形成连续水膜,让气流通过时颗粒物被水膜捕获。自激式除尘器则利用气流自身的能量激发水滴,形成除尘效果。洗涤式除尘器因除尘效率高、适用于处理多种性质的粉尘而受到青睐,但产生的污水需妥善处理,以避免二次污染问题,增加了运行成本和环境管理负担。

3.过滤式除尘器

过滤式除尘器以其高效的过滤机理,在精细除尘领域占据重要地位。袋式除尘器作为其中的代表,通过选用不同材质和结构的滤袋,能够精确捕集从微小颗粒到较大粉尘的各类颗粒物。滤袋表面形成的粉尘层本身也具有一定的过滤作用,进一步提高了除尘效率。颗粒层除尘器则利用预先铺设的颗粒层(如石英砂、陶粒等)作为过滤介质,通过颗粒间的空隙拦截气流中的粉尘。过滤式除尘器的除尘效率极高,根据滤料选择和设计参数的优化,袋式除尘器的效率甚至可达99.9%以上,适用于对空气质量要求极高的场合。然而,定期更换或清洁滤料是维持高效除尘性能的关键,这也增加了运维成本和技术要求。

4.电除尘器

电除尘器利用电力作为捕集颗粒物的核心机制,通过电场作用使气流中的颗粒物带电,进而被收集极板吸附。根据清灰方式的不同,分为干式电除尘器和湿式电除尘器。干式电除尘器通过振打或气流反吹等方式清除收集极板上的粉尘,适用于处理干燥、非黏性粉尘。湿式电除尘器则采用水冲洗或喷雾方式清灰,特别适合于处理湿性、黏性或微小颗粒物,其除尘效率极高,几乎可达100%。电除尘器的优势在于除尘效率高、能耗低、处理气量大,尤其适用于大型工业排放源。然而,其高昂的投资成本、复杂的维护管理以及对钢材的大量消耗,也是制约其广泛应用的重要因素。在选择电除尘器时,需综合考虑除尘效率、经济成本、环境适应性等多方面因素,以实现最优的除尘效果。

(三)除尘器的选择

选择除尘器时,必须在技术上能满足工业生产和环境保护对气体含尘的要求,在经济上是可行的,同时还要结合气体和颗粒物的特征和运行条件,进行全面考虑。例如,黏性大的粉尘容易黏结在除尘器表面,不宜采用干法除尘;纤维和憎水性粉尘不宜采用袋式除尘器;如果烟气中同时含有 SO_2、NO_x 等气体污染物,可考虑采用湿法除尘,但是必须注意腐蚀问题;含尘气体浓度高时,在电除尘器和袋式除尘器前应设置低阻力的预净化装置,以去除粗大尘粒,从而提高袋式除尘器的过滤速度,避免电除尘器产生电晕闭塞。一般来讲,为减少喉管磨损和喷嘴堵塞,对文丘里、喷淋塔等湿式除尘器,入口含尘浓度以 10 G/M³ 为宜,袋式除尘器入口含尘浓度以 0.2~20 G/M³ 为宜,电除尘器以 30 G/M³ 为宜。此外,不同除尘器对不同粒径粉尘的除尘效率也是完全不同的,在选择除尘器时,还必须了解欲捕集粉尘的粒径分布情况,再根据除尘器的分级除尘效率和除尘要求选择适当的除尘器。

二、气态污染物治理技术

(一)常见气态污染物治理方法

1.吸收法

吸收是利用气体在液体中溶解度不同的这一现象,以分离和净化气体混合物的一种技术。例如,从工业废气中去除二氧化硫(SO_2)、氮氧化物(NO_x)、硫化氢(H_2S)以及氟化氢(HF)等有害气体。

2.吸附法

吸附是一种固体表面现象。它是利用多孔性固体吸附剂处理气态污染物,使其中的一种或几种组分,在分子引力或化学键力的作用下,被吸附在固体表面,从而达到分离的目的。常用的固体吸附剂有骨炭、硅胶、矾土、沸石、焦炭和活性炭等,其中应用最为广泛的是活性炭。活性炭对广谱污染物具有吸附功能,除 CO、SO_2、H_2S 外,还对苯、甲苯、二甲苯、乙醇、乙醚、煤油、汽油、苯乙烯、氯乙烯等物质都有吸附功能。

(二) 从烟气中去除二氧化硫的技术

二氧化硫(SO_2)作为大气污染的主要成分之一,其有效治理对于环境保护至关重要。从烟气中去除二氧化硫的技术多种多样,其中石灰石—石膏湿法脱硫技术因其高效、稳定而广泛应用。该技术采用石灰石作为脱硫剂,通过研磨成细粉后与烟气中的二氧化硫在吸收塔内充分接触反应,生成亚硫酸钙,进而氧化为石膏。此过程不仅有效去除了烟气中的二氧化硫,还实现了废物的资源化利用,石膏可作为建材原料。此外,氨法脱硫、镁法脱硫等技术也逐渐得到推广,它们利用氨水或氧化镁作为脱硫剂,同样能实现高效脱硫。这些技术的选择需根据烟气成分、处理规模、经济成本及环境影响等多方面因素综合考虑,以确保既达到环保标准,又实现经济效益的最大化。

(三) 从烟气中去除氮氧化物的技术

氮氧化物(NO_X)是一类重要的气态污染物,其治理技术同样多样且复杂。选择性催化还原(SCR)技术是当前应用最广泛的脱硝技术之一。该技术利用氨气作为还原剂,在催化剂的作用下,将烟气中的氮氧化物还原为无害的氮气和水。SCR 技术具有脱硝效率高、运行稳定、适应性强等优点,广泛应用于燃煤电厂、工业锅炉等排放源。另一种重要的脱硝技术是选择性非催化还原(SNCR)技术,它无须催化剂,直接通过向烟气中喷入氨水或尿素溶液等还原剂,实现氮氧化物的还原。虽然 SNCR 技术的脱硝效率略低于 SCR,但其投资成本较低,运行维护简便,适用于中小规模的排放源。在实际应用中,需根据烟气成分、温度、流量等具体条件,选择最合适的脱硝技术,以实现高效、经济的氮氧化物治理。

(四)机动车污染的控制

1.机动车排放源排放的物质

机动车发动机排出的物质主要包括:燃料完全燃烧的产物(CO_2、H_2O、N_2)、不完全燃烧的产物 CO、HC 和炭黑颗粒等,燃料添加剂的燃烧生成物(铅化合物颗粒),燃料中硫的燃烧产物 SO_2,以及高温燃烧时生成的 NO_2 等。此外,还有曲轴箱、化油器和油箱排出的未燃烃。

2.控制机动车尾气污染的措施

控制机动车尾气污染是改善空气质量的重要举措。为实现这一目标,需积极研制并推广适用于汽油车、柴油车、摩托车以及替代燃料车等不同车型的尾气控制技术与装置。这包括优化发动机燃烧系统、提升尾气后处理技术水平,以及开发新型清洁能源汽车等,旨在从源头上减少有害物质的排放。同时,应大力推动相关产业的发展,形成技术研发、生产制造到市场应用的完整产业链,促进技术成果的快速转化与普及。

在此基础上,实施严格的环保标志管理制度显得尤为重要。通过对达到"国一"及以上标准的轻型汽油车和"国三"及以上标准的柴油车发放绿色环保标志,给予其上路行驶的合法身份;而对于未能达到上述标准的车辆,则发放黄色环保标志,并限制其行驶区域或时间,甚至禁止上路。这一措施不仅能够有效淘汰老旧、高排放车辆,还能激励车主主动升级换代,使用更加环保的汽车,从而为构建绿色、低碳的交通环境奠定坚实基础。

第二节　水体污染治理与恢复

一、水体污染治理技术

(一)物理处理技术

物理处理技术在水体污染治理中占据着举足轻重的地位,其核心在于利用物理原理,不改变污染物的化学性质,直接将其从水体中分离或去除。沉淀法,作为最基础的方法之一,依赖于重力作用,使水体中的悬浮颗粒物逐渐沉降到底部,实现固液分离。过滤法则进一步升级,通过多孔介质如砂滤、活性炭滤层等,有效截留更细小的悬浮物及部分溶解性物质。吸附技术则利用吸附剂如活性炭、树脂等的强大吸附能力,针对性地去除水体中的重金属离子、有机污染物等。离子交换技术通过树脂等交换剂,与水中的离子进行置换,达到去除特定离子的目的。而反渗透和电渗析技术,则利用半透膜的特性,在压力或电场作用下,精确分离水体中的溶解性盐类、有机物等,实现水质的深度净化。这些物理处理方法,以其高效、环保的特点,在水体污染治理中发挥着不可替代的作用。

(二)化学处理技术

化学处理技术,顾名思义,是通过化学反应来转化或去除水体中的污染物。而氧化还原法,作为其中的代表,利用氧化剂如臭氧、氯气或还原剂如亚铁离子等,与污染物发生氧化还原反应,将其转化为无毒或低毒的物质。中和法则针对水体酸碱度失衡的问题,通过加入适量的酸或碱,调节 pH 至适宜范围,为后续的生化处理创造条件。混凝法和絮凝法,则是通过投加混凝剂如铝盐、铁盐或絮凝剂如聚丙烯酰胺等,使水体中的微小颗粒、胶体物质等凝聚成较大的絮体,进而通过沉淀或过滤去除。此外,化学吸附法也常被用于去除水体中的重金属离子、有机污染物等,通过化学吸附剂的特异性吸附作用,实现污染物的有效去除。化学处理技术以其快速、高效的特点,在应对突发水污染事件及难降解污染物处理方面展现出了独特的优势。

(三)生物处理技术

生物处理技术,作为水体污染治理中的绿色方法,充分利用了微生物的代谢活动来降解和转化水体中的污染物。好氧生物处理法,如活性污泥法、生物膜法等,依赖于好氧微生物的呼吸作用,将有机物分解为二氧化碳和水,同时产生微生物细胞质,实现有机物的无害化处理。厌氧生物处理法,则适用于处理高浓度有机废水,如厌氧消化池,通过厌氧微生物的发酵作用,将有机物转化为甲烷等可燃气体,实现能源的回收与利用。生物修复技术,更是将微生物的应用推向了一个新的高度,通过人工筛选、培育特定微生物或植物,针对特定污染物进行高效降解,如利用蓝细菌处理富营养化水体,利用特定菌种降解石油烃类污染物等。生物处理技术以其环境友好、成本低廉的特点,成为水体污染治理领域的重要研究方向。

(四)膜分离技术

膜分离技术,作为水体污染治理中的高科技手段,以其高效、精确的特点,逐渐成为水处理领域的新宠。微滤技术,通过微孔滤膜,能够有效去除水体中的悬浮物、细菌及部分大分子有机物,保证水质的清澈与卫生。超滤技术,则进一步提高了过滤精度,能够去除更小的胶体颗粒、病毒及部分溶解性物质,满足更高标准的水质要求。纳滤技术,介于超滤与反渗透之间,能够去除水体中的二价离子、小分子有机物等,实现水质的深度净化。而反渗透技术,则是膜分离技术中的佼佼者,通过高压驱动,使水体中的溶解性盐类、有机物、病毒等几乎全部被截留在半透膜的一侧,从而得到近乎纯水的出水。这些膜分离技术,以其高效、节能、环保的特点,在水体污染治理、海水淡化、工业废水回用等领域展现出了广阔的应用前景。

二、水体污染修复技术

(一)水生植物修复技术

水生植物修复技术是一种绿色、环保的水体污染治理方法。它通过在水体中种植特定的水生植物,如芦苇、香蒲、菖蒲等,利用这些植物的根系吸收水中的营养物质和重金属等污染物。这些植物不仅具有强大的吸收能力,还能通过光合作用将吸收的污染物转化为无害物质,如氧气和生物质。此外,水生植物的根系还能为微生物提供附着和生长的空间,促进微生物群落的繁衍,进一步增强水体的净化能力。随着水生植物的生长,它们还能有效减缓水流速度,促进水中悬浮物的沉降,从而改善水质。这种技术不仅成本低廉,而且能够美化环境,提升水体的生态价值。因此,在水体污染治理中,水生植物修复技术得到了广泛的应用和推广。

(二)人工湿地修复技术

人工湿地修复技术是一种高效、经济的水体净化方法。通过人工构建湿地系统,模拟自然湿地的生态结构和功能,利用湿地植物、微生物和基质的共同作用去除水体中的污染物。人工湿地中的植物能够吸收水中的营养物质,减少藻类的生长;微生物则能分解有机物,降低水体的有机污染;而基质则能吸附和截留水中的悬浮物和重金属等污染物。这种技术具有处理效果好、运行成本低、维护管理方便等优点。它不仅能够净化水质,还能为水生生物提供栖息地,促进水体的生态恢复。因此,在城市化进程加快、水体污染日益严重的背景下,人工湿地修复技术成为水体污染治理的重要手段之一。

(三)生态调控技术

生态调控技术是一种通过调控水体中的生物群落结构和功能来恢复水体生态平衡的方法。它主要包括投放水生动物、构建水生植物群落、调节水体流速和流向等措施。投放适量的水生动物,如鱼类、贝类等,能够捕食水中的浮游生物和底栖动物,控制它们的数量,防止它们过度繁殖导致水质恶化。同时,构建多样化的水生植物群落,能够增加水体的生物多样性,提高水体的自净能力。此外,通过调节水体流速和流向,可以优化水体的流场分布,促进水中污染物的扩散和降解。这些措施共同作用下,能够逐步恢复水体的生态平衡,提高水体的自我修复能力。因此,在水体污染治理中,生态调控技术被视为一种长期、可持续的修复方法。

第三节 土壤污染修复技术

一、重金属污染土壤的修复技术

(一)重金属污染土壤的植物修复技术

植物修复技术,是利用植物及其根系微生物忍耐和超量积累某种或某些化学元素的特性,以清除土壤重金属污染的技术。上述植物被称作"重金属超量积累植物"。对重金属污染土壤进行植物修复,具有成本低廉、就地修复、净化与美化环境、增加土壤有机质和肥力、能大面积处理等优势;但是也存在诸多缺点,如多数重金属超积累植物只能积累一种或两种金属元素,修复周期较长,只针对表层土壤和沉积物,产生修复植物的后期处置难题,以及可能的外来修复植物入侵问题。当实际情况难以实施植物修复时,

也可以考虑实施植物稳定修复技术,尽管不能将重金属从土壤中有效去除,但仍然可以防止矿区的水土流失和次生污染问题。

(二)重金属污染土壤的微生物修复技术

1.微生物对重金属离子的生物吸附和富集

微生物对重金属的吸附固定主要依靠三种常见的方式,即胞外吸附沉淀、

胞外络合作用及胞内积累。微生物细胞表面常带负电荷,就可吸附带正电荷的重金属离子;有的微生物细胞壁表面含有一些基团(如硫基、磷酰基、羟基、羧基等),可通过配位络合作用,使重金属结合到细胞表面。此外,微生物还可通过摄取必要的营养元素而主动吸收重金属离子,从而将重金属元素富集在细胞内部。最后通过提取微生物细胞,将土壤中的重金属去除。

2.微生物对重金属的溶解

通过微生物的直接作用或代谢所产生的小分子有机酸(如细菌代谢产生的甲酸、乙酸、丙酸和丁酸等低分子有机酸;真菌代谢产生的柠檬酸、苹果酸、延胡索酸、琥珀酸和乳酸等不挥发性酸),改变重金属所在环境的pH,释放处于吸附态和化合态的重金属离子。研究发现淋滤强弱顺序为嗜酸细菌(ACIDOPHIIC)>嗜中性细菌(NEUTROPHILIC)。微生物对重金属的淋滤溶解作用,不仅应用于受重金属污染的土壤修复,而且为城市污泥和垃圾焚烧飞灰中重金属的去除提供了可行的途径。在实施中,需要对淋滤得到的富含重金属的淋出液进行重金属回收和处理。

3.微生物对重金属的氧化或还原

在不同的土壤环境中,微生物能氧化或还原多种重金属元素,金属元素的价态发生改变后,其毒性、溶解度、迁移性等性质随之发生改变。如一些嗜酸菌能通过自身的代谢活动使高毒性的Cr还原为低毒、低溶解性的Cr^+,从而降低铬离子的危害性,有利于后续的处理或回收。

4.菌根真菌对重金属的生物有效性的影响

菌根真菌与植物根系共生体可促进植物对养分的吸收和对污染物的耐受能力。这一现象在受重金属污染的土壤修复中得到重视,通过人为促进菌根真菌和植物根系之间的相互作用,可实现土壤中重金属向菌根真菌和植物体内的富集。菌根体系对重金属在土壤中形态、数量的影响主要表现在三个方面:第一,重金属超积累型植物对重金属有很强的吸收和转移的能力,由此降低了重金属对土壤微生物的毒害,且植物根系能够通过分泌有机酸和氨基酸等有机物,不仅能与重金属产生络合作用,也可以作为根际微生物的营养物质,提高根际微生物的活性;第二,由微生物的代谢活动产生的有机酸等代谢产物,对重金属进行胞外沉淀或者络合作用以及氧化、还原作用,使重金属的毒性下降,降低了重金属对植物根系的毒害作用;第三,菌根菌的存在可以大大增强高等植物的生长活性,特别是在营养条件较差的土壤中,菌根真菌能通过其庞大的菌丝网络为植物根系提供必要的水分、氮素和迁移性较差的一些微量元素,如 P 和 Zn 等。

(三)重金属污染土壤的化学和物化修复技术

1. 固化/稳定化

固化和稳定化技术在固体废物处置方面已运用比较成熟,现已扩展至土壤重金属修复的工程领域。与其他修复技术相比,固化/稳定化技术具有处理时间短、适用范围较广的优势。因此,美国环境保护局将固化/稳定化技术称为处理有害有毒废物的最佳技术。固化/稳定化技术是将污染物封裹进惰性基材中,或在污染物外面加上低渗透性材料,通过减少污染物暴露的淋滤面积达到限制污染物迁移的目的。但是,固化反应后土壤体积都有不同程度的增加,固化体的长期稳定性较差。稳定化技术则可以克服这一问题,稳定化是指从污染物的有效性出发,通过形态转化,将污染物转化为不易溶解、迁移能力或毒性更小的形态来实现无害化,以降低其对生态系统的危害风险。常用的固化和稳定化凝胶材料有无机黏结物质,如水泥、石灰等;有机黏结剂,如沥青等热塑性材料;热硬化有机聚合物,如尿素、酚醛塑料和环氧化物等以及玻璃质物质。

2. 电动修复

电动修复技术的基本原理是将电极插入受污染土壤或地下水区域,通过施加微弱电流形成电场,利用电场产生的各种电动力学效应(包括电渗析、电迁移和电泳等)驱动污染物沿电场方向定向迁移,从而将污染物富集至电极区,最后进行集中处理或分离。而电动修复技术具有高效、无二次污染、节能、原位的特点,被称为"绿色修复技术"。目前,在实验室研究中已证明该技术对受到 Pb、Cr、Cd、Cu、Hg、Zn 及放射性核素污染的土壤具有良好的修复效果,未来将在工程应用方面进一步探索,并考虑发展电动——生物联合修复技术。

3.土壤淋洗技术

土壤固持重金属的机制有两种:金属离子吸附在土壤颗粒表面;形成金属化合物的沉淀。土壤淋洗技术就是通过逆转上述反应过程,把土壤固持的重金属转移到土壤溶液中。该技术的关键是寻找到既能提取各种形态的重金属,又不破坏土壤结构的淋洗液。目前,用于淋洗土壤的淋洗液较多,包括无机冲洗剂、人工螯合剂、阳离子表面活性剂、天然有机酸、生物表面活性剂等。土壤淋洗技术施用时,由于淋洗液可能在土壤中有残留,影响土壤生态系统的正常功能,因此一般要将受污染土壤移出,进行异地修复。该技术适用于面积小、污染重的土壤治理,但也易引起二次污染,导致某些营养元素的淋失和沉淀,破坏了土壤微团聚体结构,同时容易导致地下水污染。

二、有机物污染土壤的修复技术

(一)有机物污染土壤的原位修复技术

1.物理化学技术

土壤气提技术,可去除不饱和区的土壤中挥发性有机污染物质(VOCS)。其操作是通过真空泵产生负压,迫使空气流经污染的土层孔隙,将 VOCS 从土壤中解吸至空气流,并引至地面上进行净化。该技术可操作性很强,可以由标准设备来实施,实施过程中土壤的渗透性、污染物浓度和挥发性、空气在土壤中的流速等均影响该技术的实际工作效果。但是,该技术对于重油、重金属、PCB 类物质不适用。空气喷射技术,可去除潜水位以下的土壤与地下水中溶解态有机污染物质。其操作是将一定压力的空气注射进被污染的饱和土壤层,空气流呈羽状穿过土柱,使地下水和土壤中有机物的挥发和降解过程得到提升。该技术是在传统气提技术基础上改进而成,抽提和通气并用,提高了修复效率;但是其应用受到场地条件限制,一般对于砂土层土壤污染的修复效果较好,而治理黏土层的污染时效果不理想。而电磁波频率加热技术,是根据现场土壤性质,在污染土壤中埋入电极,利用 2~2 450 MHz 的高频电压所产生的电磁波,将土壤加热至 100~300 ℃,使污染物从土壤颗粒上解吸,再配合气提技术,不仅提高气提效率,而且能去除常规气提技术较难处理的半挥发性有机污染物。因此,该技术也被视为一种热量增强式土壤气提技术,除了有机污染物,还可以处理重金属、放射性核素的污染。

2.生物技术

在原位开展的生物修复技术,按生物类群可以分为微生物修复、植物修复、动物修复和生态修复,微生物修复是通常所称的狭义上的生物修复。在自然土壤环境或人工培养环境中,在长期受到某种或某类有机污染物的胁迫下,一些微生物通过不断适应和进化,如形成新代谢途径、共代谢、降解质粒的水平转移、基因突变等,使其具有了特异的耐受性和降解性。微生物修复,是利用土壤原著特异的微生物群落,或是向污染土壤中引入特异微生物群落,为其提供适宜的生长条件,以促进或强化其活性,通过它们对土壤中有毒有机污染物的氧化反应、还原反应、水解反应和聚合反应等,对受到有机物污染的土壤实现降低、去除污染物,或降低、消除毒性的修复目的。针对土壤有机污染问题,原位生物修复发展出多种多样的具体技术方法,如生物通气和共代谢通风、深层土壤混合法、土壤耕作法、投菌生物强化法、投加营养或电子受体的生物刺激法、白腐真菌处理法、植物修复技术、植物根际-微生物联合修复技术等。与物化、化学原位修复技术相比,原位生物修复技术虽然治理速度较慢,但其所具有的经济、有效、无二次污染、不破坏植物生长所需的土壤环境等优势正受到国内外越来越多的重视,被认为是具有广阔发展前途的技术方法。将生物修复技术与物化或化学修复技术组合在一起,例如,先采用低成本的生物修复技术将污染物处理到较低水平,再采用费用较高的物化或化学技术处理残余污染物,如此形成经济适用、可靠高效的一套技术体系,是当前和未来就地解决土壤污染的发展趋势。

（二）有机物污染土壤的异位修复技术

1.预制床法

预制床法堆腐工艺是修复石油污染土壤最有效的方法之一。其基本操作过程为：在被污染土壤中加入膨松剂后，移入特殊的预制床上堆成条状或圆柱状，预制床底部用一种密度很大且渗透性很小的材料装填好，人工向床内补充营养、空气、pH 缓冲液等，有时需要加入一些微生物和表面渗透剂，并加以适度搅拌，实现土壤中有机污染物的好氧生物降解。预制床法可以在土壤受污染之初限制污染物的扩散和迁移，降低污染影响范围。但其在挖土和运输方面的费用很高，不仅由于挖掘而破坏原地的土壤生态结构，而且有可能在运输过程中产生进一步的污染物暴露问题。

2.堆制式修复

堆制式修复是利用传统的堆肥方法，将污染土壤与有机废物（木屑、秸秆、树叶等）、粪便等混合起来，依靠堆肥过程中微生物的作用来降解土壤中难降解的有机污染物。堆制式修复最早应用于剩余污泥的处理，近年来国内外将此技术应用到有机物污染土壤的修复中。而堆制方式有条形堆制、静态堆制和反应器堆制等。与堆肥技术相似，堆制式修复受到堆温、水分、原料配比和堆龄等因素的影响。堆制式修复包括调整降解和低速降解两个连续阶段，需要分别优化两阶段的工艺参数。微生物在第一阶段很活跃，氧消耗量和污染物降解速率均很高，应控制好堆温在 55~60 ℃，并通过强制通风或频繁混合来保证供氧量；第二阶段微生物进入对残留有机物的分解阶段，一般不需要强制通风或混合，通常可以通过自然对流供氧。

3.生物反应器修复

以生物反应器修复受到难降解有机物污染的土壤，类似于污水生物处理法。将挖掘的土壤与水混合后，调节 pH、温度、供气条件及营养水平，必要时可接种特殊驯化菌或构建的工程菌，使用卧式、旋转鼓状、气提式等特殊反应器,进行分批处理或连续处理。处理后的土壤与水分离后,经脱水后再运回原处。常见的生物反应器既有泥浆生物反应器、生物过滤反应器、固定化膜与固定化细胞反应器、厌氧-好氧反应器、转鼓式反应器等,也有类似稳定塘和污水处理厂的大型设施。

第四节 固体废物管理与资源化利用

一、固体废物的管理

（一）减量化

固体废物减量化,作为固体废物管理的首要环节,其核心在于从源头上削减废物的产生量。这一策略的实施,不仅关乎环境保护,更是推动可持续发展的重要一环。为了实现减量化目标,企业需不断优化生产工艺,采用更为环保、高效的生产方式,减少生产过程中的废弃物排放。同时,提高资源利用效率,如通过循环利用、节能降耗等措施,降低原材料消耗,进而减少废物产生。在消费层面,倡导绿色消费理念,鼓励消费者选择环保产品,减少一次性用品的使用,也是减量化策略的重要组成部分。此外,加强废旧物品的回收利用,建立完善的回收体系,不仅能够减少资源浪费,还能有效降低废物处理压力。政府、企业和公众应携手合作,共同推动减量化策略的实施,从源头上减少固体废物的产生,为构建绿色、可持续的社会环境贡献力量。

（二）资源化

资源化利用,是固体废物管理中的重要一环,旨在将废物中的可回收物质转化为新的资源或产品,实现废物的价值重生。废纸、废塑料、废金属、废玻璃等,这些看似无用的废物,实则蕴含着巨大的回收潜力。通过科学的分离、加工和处理技术,这些废物可以被转化为再生纸、塑料颗粒、金属原料、玻璃制品等,再次进入生产流程,成为新的产品组成部分。资源化利用不仅能够节约自然资源,减少对原生资源的开采压力,还能有效降低废物的处理成本和环境影响。它也是推动循环经济、实现可持续发展的有效途径。因此,政府应加大对资源化利用产业的扶持力度,鼓励企业加大研发投入,提升废物回收利用率,让废物真正变废为宝,为社会创造更多价值。

(三)无害化

无害化处理,是固体废物管理的最后一道防线,旨在确保那些无法资源化利用的废物不会对环境和人体健康造成危害。而焚烧、填埋、堆肥化等是无害化处理的主要方式。焚烧技术通过高温燃烧,将废物中的有害物质彻底分解,同时回收热能用于发电或供暖,实现废物的能源化利用。填埋技术则适用于那些无法焚烧或堆肥的废物,通过科学的场地选择、防渗处理和尾气收集等措施,确保废物在填埋过程中不会对周边环境和地下水造成污染。堆肥化技术则主要针对有机废物,通过微生物的发酵作用,将废物转化为有机肥料,用于农业生产。无害化处理技术的选择和应用,需根据废物的性质、处理成本和环境影响等多方面因素综合考虑。政府应加强对无害化处理设施的监管,确保处理过程符合环保标准,为公众提供一个安全、健康的生活环境。

二、固体废物资源化利用

(一)物理回收

物理回收是固体废物资源化利用的重要手段之一,其核心在于通过一系列物理方法,如筛选、磁选、风选等,将废物中混杂的有用物质进行精准分离和高效回收。这一过程不仅减少了废物的体积和危害性,还实现了资源的循环利用。以废电子产品为例,这些设备中往往蕴含着大量的金属和塑料等有价值的材料。通过物理回收技术,我们可以将这些材料从废弃的电子产品中分离出来,经过加工处理后再度投入生产链,从而大大节约了原材料成本,降低了对自然资源的开采压力。此外,物理回收还减少了废物填埋和焚烧所产生的环境污染,为构建绿色、可持续的循环经济体系提供了有力支撑。随着科技的进步,物理回收技术也在不断创新,如利用先进的分拣设备和智能化识别技术,可以进一步提高回收效率和纯度,为固体废物资源化利用开辟更广阔的空间。

(二)化学回收

与物理回收相比,化学回收能够处理更为复杂和难以分离的废物,尤其是那些含有高价值化学成分的废物。例如,废塑料和废橡胶等废弃物,通过酸碱处理、氧化还原等化学反应,可以被分解成小分子物质,进而提取出有价值的化学物质,如单体、溶剂、燃料等。这些提取物经过进一步的加工处理,可以重新成为工业生产的原料,实现资源的闭环利用。化学回收不仅减少了废物对环境的污染,还促进了化学工业的可持续发展,为构建资源节约型和环境友好型社会做出了积极贡献。随着化学回收技术的不断进步,未来将有更多种类的废物能够通过这一途径实现资源化利用。

(三)生物转化

生物转化是固体废物资源化利用中一种颇具潜力的技术,它利用微生物、酶等生物体的代谢活动,将废物中的有机物质进行分解和转化,生成肥料、饲料等有用产品。这一技术特别适用于处理厨余垃圾、农业废弃物等富含有机质的废物。以堆肥化处理为例,通过控制堆肥过程中的温度、湿度和通气条件,可以促进微生物的繁殖和活动,使废物中的有机物在微生物的作用下逐渐分解,转化为稳定的有机肥料。这种肥料不仅富含植物所需的营养元素,还能改善土壤结构,提高土壤肥力。生物转化技术不仅实现了废物的减量化、无害化和资源化利用,还促进了农业生产的可持续发展,为构建生态农业体系提供了有力支持。随着生物技术的不断发展,未来生物转化技术将在固体废物资源化利用领域发挥更加重要的作用。

第七章　生态环境监测网络优化与智能化

第一节　监测网络优化策略

一、在生态环境监测网络优化过程中,科学规划监测站点布局

(一)综合考虑多种因素

1.地理因素考量

地理因素是监测站点布局的基础。不同的地理环境会对污染物的扩散、沉积和转化产生不同的影响。因此,在规划监测站点时,应充分考虑地形地貌、水文条件、土壤类型等地理因素。例如,在山区或丘陵地带,由于地形复杂,污染物的扩散路径可能会受到阻碍,因此需要在这些区域设置更多的监测站点,以准确捕捉污染物的分布和变化情况。

2.气候因素融入

气候因素也是监测站点布局中不可忽视的一环,气候条件的变化会直接影响污染物的排放、扩散和沉积过程。因此,在规划监测站点时,应充分考虑气候因素,如风向、风速、温度、湿度等。通过合理布局监测站点,可以更好地掌握污染物在不同气候条件下的变化规律,为环境管理和决策提供科学依据。

3.人口密度与产业分布考虑

人口密度和产业分布是影响环境质量的重要因素,在人口密集、工业发达的地区,人类活动频繁,污染物排放量大,环境质量状况相对复杂。因此,在这

些区域应加密监测站点,以更准确地掌握环境质量状况,及时发现并解决环境问题。同时,在产业分布密集的区域,还应针对特定产业设置专项监测站点,如化工、冶金等重污染行业,以加强对这些行业排放污染物的监测和监管。

4.生态脆弱区与重点保护区关注

生态脆弱区和重点保护区是生态环境保护的重点区域。这些区域对污染物的敏感性和抵抗力相对较低,一旦受到污染,将难以恢复。因此,在规划监测站点时,应特别关注这些区域,设立专门的监测站点,加强对这些区域的监测和保护。通过实时监测和数据分析,及时发现潜在的环境风险,为生态环境保护提供有力支持。

(二)加强农村地区和偏远地区监测,实现监测网络全覆盖

1.填补监测空白

农村地区和偏远地区是生态环境监测网络中的薄弱环节,由于这些区域地理位置偏远、交通不便,监测站点的建设和运维面临诸多困难。而这些区域的环境质量状况同样重要,不容忽视。为了实现监测网络的全覆盖,必须加强农村地区和偏远地区的监测工作。针对农村地区和偏远地区存在的监测空白,应积极采取措施填补。通过建设移动监测站、安装遥感监测设备等手段,实现对这些区域的实时监测和数据采集。同时,还可以利用无人机、卫星等高科技手段进行辅助监测,提高监测效率和准确性。

2.优化监测站点布局

在农村地区和偏远地区,由于地理环境复杂多变,监测站点的布局需要更加灵活和合理。我们应根据当地的地理、气候、生态等因素,科学规划监测站点的位置和数量。同时,还应加强与当地政府和居民的沟通协调,确保监测站点的建设和运维得到支持和配合。

3.强化监测能力建设

为了提高农村地区和偏远地区的监测能力,需要加强相关人员的培训和

技术支持。通过组织培训班、提供技术指导等方式,提升当地监测人员的业务水平和综合素质。同时,还应加强监测设备的更新和维护,确保监测数据的准确性和可靠性。而且,农村地区和偏远地区的监测数据对于全面了解环境质量状况、制定环境保护政策具有重要意义。因此,应加强这些区域监测数据的共享和利用。通过建立数据共享平台、发布监测报告等方式,让更多人了解和关注这些区域的环境质量状况,为环境保护决策提供科学依据。

二、创新监测技术

(一)应用新兴技术

1.遥感技术是宏观视角下的环境监测利器

在生态环境监测网络的优化升级中,遥感技术以其独特的宏观监测能力,成为不可或缺的一环。遥感技术通过卫星或飞机等平台搭载的高分辨率传感器,能够实现对地球表面大范围、高频次的观测。这种技术不仅覆盖了广阔的地域,还能够穿透云层、雾霾等障碍,获取地表覆盖、植被生长、水体污染、土壤侵蚀等多维度的环境信息。结合地理信息系统(GIS)与大数据分析技术,遥感数据能够被快速处理并转化为直观的监测报告,为环境管理者提供科学决策的依据。特别是在森林火灾预警、荒漠化监测、水质评估等方面,遥感技术的引入极大地增强了监测的时效性和准确性,降低了因传统人工监测方式导致的延误和风险。

2.传感器网络是构建实时环境监控的神经网络

传感器网络作为物联网技术在生态环境监测中的具体应用,通过部署大量小型、低功耗的传感器节点,形成了一个覆盖广泛、实时响应的环境监测网络。这些传感器能够精准测量温度、湿度、风速、光照、空气质量等多种环境参数,并通过无线方式将数据传输至中央处理平台。传感器网络的优势在于其连续性和实时性,能够不间断地监测环境变化,及时发现潜在的环境问题。例如,在城市空气质量监测中,传感器网络能够精确到街区级别,为公众提供更为精细化的空气质量预报。此外,传感器网络还具备自适应性和可扩展性,可以根据监测需求灵活调整监测点的布局,实现对特定区域或事件的重点监测。

3.无人机监测是复杂环境下的灵活之眼

无人机技术的快速发展,为生态环境监测提供了全新的视角和手段。无人机凭借其机动灵活、作业成本低的特点,能够轻松穿越复杂地形,到达人难以触及的区域进行监测。在森林病虫害监测、野生动物保护、水域污染调查等领域,无人机搭载的高清相机、红外成像仪、气体检测仪等设备,能够精确捕捉环境细节,及时发现并记录异常情况。通过无人机采集的数据,结合图像识别、机器学习等先进技术,可以实现对环境问题的快速识别与定量分析,为环境管理和应急响应提供有力支持。

（二）加强技术研发与应用

1.科研机构与企业合作推动技术创新

生态环境监测技术的持续进步,离不开科研机构与企业之间的紧密合作。科研机构应充分发挥其在理论研究、技术创新方面的优势,针对生态环境监测中的难点问题,开展前瞻性、基础性的研究工作。同时,企业应积极参与技术研发过程,将科研成果转化为实际应用的监测设备和解决方案,推动技术的产业化进程。通过产学研用深度融合,形成技术创新与成果转化的良性循环,不断提升生态环境监测技术的自动化、智能化水平。

2.自动化与智能化技术融合提升监测效率

在技术研发方面,应重点关注自动化与智能化技术的融合应用。自动化监测技术能够减少人工干预,提高监测效率,降低监测成本。例如,自动水质监测站能够实时监测水体中的各项指标,及时预警水质变化。而智能化技术,如人工智能、大数据分析等,则能够进一步提升监测数据的处理能力和分析精度。通过构建智能监测模型,可以对海量监测数据进行深度挖掘,发现环境变化的潜在规律,为环境管理提供更为精准的科学依据。此外,还应加强监测技术的标准化建设,确保不同来源、不同格式的监测数据能够无缝对接,实现数据的共享与互操作,提升生态环境监测网络的整体效能。

第二节 智能化监测技术应用

一、水质与大气检测技术的应用

(一)水质监测技术

水质监测技术是环境监测中最为重要的组成部分,常规水质监测方法包括手工采样和实验室分析,通过对水样进行物理化学和生物指标的测定,评估水体质量状况。然而,传统方法存在监测频率低、数据时效性差等局限。为克服这些不足,在线水质监测技术应运而生,在线监测系统通过传感器实时测量水质参数,并将数据传输至监控中心,实现了连续、动态的水质监控。同时,生物监测技术也得到广泛应用。通过对水生生物群落结构、多样性等指标的分析,可评估水体的生态健康状况,如底栖动物指数、藻类指数等,能够反映水体的长期污染状况。综合运用常规监测、在线监测和生物监测技术,能够全面、准确地掌握水质状况,为水环境管理提供科学依据。

(二)大气监测技术

大气监测技术是掌握空气质量状况、评估大气污染程度的重要手段。常规大气监测方法主要包括手工采样和实验性分析,通过对大气颗粒物、气态污染物等指标的测定,评估空气质量状况。然而,传统方法监测频率低、时空代表性差,难以满足实时、动态监控的需求。为此,在线大气监测技术得到快速发展,在线监测系统通过自动采样和分析,实现了污染物浓度的连续测量,并将数据实时传输至监控中心,大幅增强了监测时效性。此外,遥感监测技术在大气环境监测中也发挥着重要作用。卫星遥感可以获取大范围、多时相的大气污染分布信息,对于区域大气污染评估和溯源分析具有重要价值。地基激光达等遥感技术也能够提供大气污染物的垂直分布特征,为大气污染防治提供决策支持。

二、土壤与生态监测技术的应用

(一)土壤监测技术

土壤监测技术是掌握土壤环境质量状况、评估土壤污染风险的重要手段。常规土壤监测方法主要包括土壤采样和实验室分析,通过对土壤理化性质、污染物含量等指标的测定,评估土壤质量状况。然而,传统方法存在监测效率低、成本高等局限。为提高土壤监测效率,现场快速监测技术得到广泛应用。如便携式X射线荧光光谱仪可实现土壤重金属的速查,土壤气相监测技术可实现挥发性有机物的现场测定。此外,近红外光谱法在土壤监测中也显示出广阔的应用前景。通过对土壤近红外光谱的采集和分析,可实现土壤理化性质和污染物含量的快速预测,大幅提高了土壤监测效率。综合运用常规监测、现场快速监测和光谱分析技术,能够全面、高效地掌握土壤环境质量状况,为土壤污染防治提供科学依据。

(二)生态监测技术

遥感技术在生态监测中发挥重要作用,通过卫星遥感数据的获取和分析,可实现对植被覆盖、土地利用、生物多样性等生态要素的大范围、多时段监测,为生态环境保护提供科学决策支持。同时,生物指示物监测技术也得到广泛应用。通过对特定生物类群多样性、丰度等指标的监测,可评估生态系统的健康状况,如鸟类多样性指数、水生生物完整性指数等,能够反映生态系统的结构和功能。此外,生态网络监测技术通过布设自动监测设备,实现了对关键生态过程的连续、实时监测如通过微气象站监测小气候条件,通过红外相机监测野生动物活动规律等,为生态系统管理提供重要数据支撑。综合运用遥感监测、生物指示物监测和生态网络监测技术,能够全面、动态地掌握区域生态环境质量状况,为生物多样性保护和生态修复提供科学指引。

第三节 监测数据集成与共享平台

一、生态环境监测数据集成方式

(一)数据转换模块

1.数据格式与类型标准化

在生态环境监测中,数据来源多样,包括传感器网络、遥感影像、手工监测等多种渠道,这些数据往往以不同的格式和类型存在,如 CSV、JSON、XML 以及各类专有格式。为了实现数据的有效集成,首要任务是对这些数据格式和类型进行标准化处理。通过制定统一的数据交换标准,如采用通用的数据描述语言(如 XML)或标准化的数据表结构(如 CSV),可以极大地简化后续的数据处理流程,为数据转换奠定坚实基础。

2.编码体系的建立与应用

编码是数据转换过程中的核心环节,它为每一份数据赋予唯一的身份标识,便于数据的分类、检索与分析。在生态环境监测中,应建立一套科学合理的编码体系,该体系需要考虑数据的时空特性、监测指标、来源渠道等多个维度。例如,可以采用层次化的编码结构,将时间、地点、监测项目等信息编码成唯一的字符串,既保证了数据的唯一性,又便于后续的数据管理与分析。

3.数据转换与预处理

数据转换不仅仅是格式上的转换,更包括了对原始数据进行必要的预处理,如数据清洗、异常值检测与处理、缺失值填充等。这一步骤对于提高数据质量至关重要。通过自动化的转换程序,可以高效地将原始数据转换为适合分析的标准格式,同时,利用统计方法和机器学习算法识别并处理数据中的异常值和缺失值,确保数据集的完整性和准确性。

4.统一分析与效率提升

经过转换与预处理的数据,由于采用了统一的编码和格式,可以无缝地集成到数据分析平台中,进行跨时空、跨指标的综合分析。这不仅提高了数据分析的效率,还使得分析结果更加全面、准确。例如,在评估区域空气质量时,可以轻松整合来自不同监测站点的PM2.5、SO_2等污染物浓度数据,进行时空分布特征分析,为环境管理提供科学依据。

(二)数据补采模块

1.分类管理下的数据补采策略

数据补采模块的核心目标是弥补因设备故障、网络中断等外部因素导致的数据缺失,确保数据集的完整性。为了实现这一目标,需要建立基于分类管理的补采策略。首先,根据数据的性质(如实时数据、历史数据)、重要性(如关键指标、辅助指标)以及缺失原因(如设备故障、传输错误)对数据进行分类。然后,针对不同类型的缺失数据,制定相应的补采方案,如利用备份数据恢复、请求重新采集、采用插值法估算等。

2.人工辅助编码分类

尽管自动化技术是数据补采的主力军,但在某些复杂情况下,人工辅助仍不可或缺。特别是在数据编码分类阶段,人工审核可以确保编码的准确性,避免自动化过程中的误分类。例如,对于边界条件模糊的数据,如某些特殊天气条件下的监测数据,可能需要专家根据具体情况进行判断和分类,以确保数据补采的准确性和合理性。

3.智能补采技术的应用

随着人工智能技术的发展,智能补采技术逐渐成为数据补采领域的新趋势。通过训练机器学习模型,可以预测并填补数据集中的缺失值,特别是对于那些具有周期性或趋势性的数据,如季节性变化的环境参数。智能补采不仅能够提高补采效率,还能在一定程度上减少人为干预,增强数据补采的客观性和准确性。

二、生态环境监测数据共享平台

(一)数据集成模块

数据集成模块是生态环境监测数据共享平台的核心组成部分,其职责在于高效整合各级环境保护部门及相关机构所获取的多元环境数据。这些数据涵盖了环境质量监测、污染源监控、生态状况评估等多个维度,是全面把握生态环境现状、预测未来趋势的基础。模块通过构建统一的数据标准和接口规范,确保不同来源、不同格式的数据能够顺畅接入,并经过清洗、转换等预处理流程,实现数据的规范化、标准化管理。在此基础上,数据集成模块还提供了强大的数据存储和访问能力,确保海量环境数据能够安全、高效地存储于平台中,并便于后续的数据共享与分析应用。通过这一模块的建设,平台成功打破了数据孤岛,为生态环境监测数据的全面集成与统一管理奠定了坚实基础。

(二)数据共享模块

数据共享模块是生态环境监测数据共享平台实现数据价值最大化的关键所在。该模块通过设计灵活的数据共享接口和服务,使得不同用户能够根据自身权限,便捷地访问和使用平台上的监测数据。这不仅包括了科研机构等内部用户,也涵盖了公众、企业等外部用户,实现了数据的广泛共享与利用。同时,数据共享模块还建立了完善的数据共享机制,鼓励数据的开放共享,推动环境数据的社会化应用。通过明确数据共享责任与义务以及加强数据共享的安全管理,模块确保了数据共享过程中的数据安全。此外,模块还积极与各类数据服务平台对接,拓展数据共享渠道,进一步增强了环境数据的可达性和可用性。

(三)数据分析模块

数据分析模块是生态环境监测数据共享平台提供决策支持的重要支撑。该模块利用大数据分析技术,对集成在平台上的海量监测数据进行深度挖掘和分析。通过构建复杂的数据分析模型,模块能够提取出隐藏在数据背后的有价值信息和趋势,为生态环境保护决策、管理和执法提供科学依据。例如,模块可以分析空气质量数据,识别出污染物的来源和扩散路径,为制定有效的污染治理措施提供指导;也可以分析水质数据,评估水体的生态健康状况,为水资源保护和管理提供决策支持。此外,数据分析模块还具备强大的数据预测能力,能够基于历史数据和当前趋势,预测未来环境状况的变化,为生态环境保护的前瞻性规划提供有力支撑。

(四)数据可视化模块

数据可视化模块是生态环境监测数据共享平台提升用户体验和数据利用效率的重要手段。该模块通过运用先进的可视化技术,将复杂的监测数据以直观、易懂的方式呈现出来,使得用户能够快速理解数据所传达的信息。模块提供了丰富的可视化展示功能,如地图展示、图表分析、动态演示等,满足了不同用户对于数据展示的需求。通过地图展示,用户可以直观地看到环境质量的地理分布和变化趋势;通过图表分析,用户可以清晰地看到数据的统计特征和关联关系;通过动态演示,用户可以直观地了解环境状况的动态变化过程。数据可视化模块的建设,不仅增强了数据的可读性和可理解性,还增强了用户对于环境数据的感知和认识,为生态环境的保护和管理提供了更加直观、有效的支持。

第四节　网络安全与数据保护

一、生态环境监测网络安全保护的措施

(一)加强网络访问控制

1.部署高效防火墙

在生态环境监测系统中,网络访问控制是保障数据安全与系统稳定运行的第一道关卡。通过实施严格的访问控制策略,可以有效防止未经授权的访问和潜在的网络攻击,确保监测数据的完整性和保密性。而防火墙作为网络边界的守护者,能够基于预设的安全规则对进出网络的数据包进行过滤和监控。对于生态环境监测系统而言,应选择支持深度包检测、状态检测等高级功能的防火墙,以精确识别并阻止恶意流量。同时,防火墙策略应根据业务需求和威胁态势定期调整,确保防护的有效性。

2.实施入侵检测与预防系统

入侵检测系统(IDS)与入侵预防系统(IPS)相结合,能够实时监测网络中的异常行为,并在发现潜在威胁时立即采取行动,如阻断连接、报警通知等。这对于及时发现并应对如DDOS攻击、SQL注入、零日攻击等复杂威胁至关重要。系统应配置智能化分析引擎,减少误报和漏报,提高响应效率。

3.强化身份验证与权限管理

采用多因素认证机制,如结合密码、生物特征识别、动态令牌等,增强用户身份验证的安全性。同时,实施细粒度的权限管理,根据角色和职责为不同用户分配最小必要权限,避免权限滥用。定期审查用户权限,撤销不再需要的访问权限,保持权限体系的精简和有效。

4.网络访问日志审计与分析

建立完善的网络访问日志记录机制,记录所有访问操作的时间、来源、目

标、操作类型等信息。利用日志分析工具,定期对日志进行深度挖掘,识别异常访问模式,及时发现并处理潜在的安全事件。此外,应定期对日志数据进行备份和归档,以备后续审计和追溯之需。

(二)提升网络安全防护能力:构建全方位的安全生态

1.持续更新与升级安全设备

网络安全设备和软件是抵御外部攻击的重要工具,但其有效性很大程度上取决于是否能够及时更新以应对新出现的威胁。因此,应建立定期的安全设备更新机制,包括操作系统补丁、防病毒软件、防火墙规则等,确保所有安全组件始终处于最新状态。同时,关注安全厂商发布的威胁情报,及时调整防护策略。

2.加强安全培训与意识教育

人是网络安全中最薄弱的环节,也是最强有力的防线。通过定期举办网络安全培训,提高监测人员对网络安全的重视程度,使其了解最新的安全威胁、防护技术和应急响应流程。培训内容应涵盖密码管理、社交工程防范、钓鱼邮件识别等实用技能,以及网络安全法律法规和合规要求。同时,鼓励员工参与模拟攻防演练,提升实战能力。

3.建立应急响应机制

制定详细的网络安全应急预案,明确不同安全事件的响应流程、责任分工和沟通机制。定期组织应急演练,检验预案的有效性和团队协作能力。当发生安全事件时,能够迅速启动应急响应,隔离受感染系统,恢复业务运行,并开展事后分析,总结经验教训,不断优化应急响应流程。

4.采用加密技术保护数据传输

对于生态环境监测系统中传输的敏感数据,如监测数据、控制指令等,应采用加密技术进行保护,确保数据在传输过程中的保密性和完整性。可选用SSL/TLS协议对通信链路进行加密,或使用IPSEC、VPN等技术在更广泛的网络范围内建立安全的通信通道。同时,对存储的敏感数据也应实施加密处理,防止数据泄露。

5.建立安全合作与信息共享机制

与其他生态环境监测机构、网络安全研究机构及政府部门建立合作关系,共享安全威胁信息、防护经验和最佳实践。参与行业内的安全论坛和研讨会,保持对最新安全动态和技术趋势的敏锐洞察。通过合作,可以更快地获取安全威胁预警,协同应对大规模网络安全事件,共同提升整个行业的安全防护水平。

二、生态环境监测网络数据保护的路径

(一)加强数据加密

1.传输加密,守护数据流通的每一个环节

在生态环境监测网络中,数据在采集点、传输链路、数据中心之间频繁流动,每一环节都可能成为数据泄露的潜在风险点。因此,采用先进的加密算法对传输中的数据进行加密是首要任务。应选用经过广泛验证的加密算法,如AES、RSA等,它们在不同场景下展现出强大的加密能力和安全性。同时,实施端到端加密,确保数据从源头到目的地的整个传输过程中都处于加密状态,即使传输链路被截获,也无法读取数据内容。

2.存储加密,让数据在静默中更安全

数据存储是数据生命周期中的重要环节,也是数据泄露的高风险区。对存储的数据进行加密,是防止数据在静态状态下被非法访问的有效手段。应采用透明的存储加密技术,使得数据在写入存储设备时自动加密,读取时自动解密,既保证了数据的安全性,又不影响数据的正常使用。此外,对于敏感数据,如个人隐私信息、关键监测指标等,应实施更高级别的加密保护,如使用硬件加密模块或同态加密技术,进一步增强数据的安全性。

3.密钥管理是密钥安全是加密体系的核心

加密算法的安全性依赖于密钥的保密性。因此,建立健全的密钥管理机制至关重要。应实施严格的密钥生成、分发、存储、更新和销毁流程,确保密钥的安全性和可追溯性。采用分层密钥结构,将密钥分为根密钥、主密钥和工作密钥,通过分级管理降低密钥泄露的风险。同时,定期更换密钥,减少密钥被长期破解的可能性,保持加密体系的新鲜度和安全性。

(二)完善数据备份与恢复机制

1.定期备份

数据备份是防止数据丢失或损坏的第一道防线,应制定科学的备份策略,根据数据的重要性、变化频率和恢复需求,确定备份的频率和方式。对于关键监测数据,应实现实时备份或高频次备份,确保数据的最新状态得到及时保护。同时,采用多种备份方式,如云备份、物理备份等,分散风险,提高备份的可靠性。

2.异地备份

为了应对自然灾害、人为破坏等极端情况,应实施异地备份策略。将备份数据存储在地理位置上远离主数据中心的地点,确保即使主数据中心遭受严重破坏,备份数据也能安然无恙。异地备份可以通过建立灾备中心、利用云服务提供商的异地存储服务等方式实现,为数据恢复提供可靠的第二选择。

3.数据恢复机制

建立高效的数据恢复机制,是数据备份价值的最终体现。应制定详细的数据恢复计划,包括恢复流程、责任人、恢复时间目标(RTO)和恢复点目标(RPO)等。定期进行数据恢复演练,检验恢复机制的有效性和效率,确保在真实灾难发生时,能够迅速、准确地恢复数据,最小化业务中断的影响。

4.构建全方位的数据保护体系

将数据加密、数据备份与恢复机制相结合,构建灾备一体化的数据保护体系。在数据备份过程中,对备份数据进行加密处理,确保备份数据的安全性;在数据恢复时,通过解密操作恢复数据的可用性。同时,利用现代技术,如区块链、分布式存储等,提升数据备份与恢复的效率和可靠性,构建更加坚固的数据保护屏障。

第八章 生态环境科技创新与应用

第一节 关键技术研发与突破

一、污染治理技术

(一)新型废水处理技术

在废水处理领域,技术的革新如同一股清流,为环境保护注入了强大动力。膜分离技术,以其高效、节能、环保的显著优势,正逐步成为废水处理的主流选择。通过超滤、纳滤、反渗透等精细分离手段,这项技术能够精准捕捉并去除废水中的悬浮物、胶体、有机物乃至重金属离子,实现废水的深度净化,让曾经浑浊的水流重归清澈。与此同时,生物强化技术的兴起,为废水处理带来了新的革命。通过投加经过精心选育的高效微生物菌剂,或构建智能化的生物反应器,废水中的有机物得以更高效地降解,处理成本也随之降低,为环境保护与经济发展找到了完美的平衡点。

(二)大气污染治理技术

催化氧化技术、低温等离子体技术等新型脱硝、脱硫技术的涌现,不仅大幅降低了排放物中氮氧化物、二氧化硫等有害物质的浓度,更在减少二次污染方面展现出了卓越性能。这些技术以其高效、低耗的特点,为大气污染治理提供了强有力的支持。同时,针对工业排放源的复杂性,科研人员研发出了电除尘、布袋除尘等多种高效除尘技术,它们如同精密的筛网,将大气中的颗粒物

——捕获,进一步提升了大气污染物的去除效率,为守护蓝天白云贡献着科技力量。

二、生态修复技术

(一)生态工程技术

生态工程技术,作为生态修复领域的瑰宝,以其独特的智慧,为受损生态系统的恢复提供了可能。通过精心规划与设计,构建人工湿地、植被过滤带等生态工程,这些"绿色屏障"不仅能够有效吸收、净化水体中的污染物,改善水质,更在无形中提升了生态系统的自我恢复能力,如同大自然的守护者,默默守护着每一寸土地,促进生态系统的稳定性与抵抗力不断提升,让自然之美得以重现。

(二)基因编辑与微生物修复技术

在生态修复中,基因编辑技术的引入无疑开启了一场微观世界的绿色革命。借助这一前沿科技,科研人员能够精准编辑微生物的基因,培育出具有特殊降解能力的菌株,用于应对环境中那些难以攻克的难降解有机物、重金属等污染物。这些"超级微生物"如同环保小卫士,以惊人的效率吞噬着污染物,为生态环境的恢复开辟了新的路径。同时,微生物修复技术以其高效、环保、可持续的特点,正逐渐成为生态修复领域的中流砥柱,为构建人与自然和谐共生的美好未来贡献着科技智慧。

三、固废处理与资源化利用技术

(一)固体废物分类与资源化利用

固体废物分类与资源化利用,作为现代城市管理和环境保护的关键环节,正日益展现出其不可或缺的重要性。科学的分类体系是这一技术的核心,它通过将固体废物细致划分为可回收物、有害垃圾、湿垃圾(厨余垃圾)和干垃圾等几大类,为后续的减量化、资源化和无害化处理奠定了坚实基础。可回收物如纸张、塑料、金属等,通过回收再利用技术,能够大大节约原材料,减少能源消耗;有害垃圾如废旧电池、荧光灯管等,则需通过专门渠道安全处理,以防对环境和人体造成危害。湿垃圾通过生物转化技术,如堆肥化、厌氧消化等,转化为有机肥料或生物能源,实现了废物的资源化利用;而干垃圾则可通过焚烧发电、卫生填埋等方式实现无害化处理。这一系列技术的研发与应用,不仅提高了资源的利用效率,还有效减轻了环境压力,推动了循环经济的发展。

(二)危险废物安全处置技术

为确保危险废物安全处置,近年来,科研人员针对危险废物的特点,研发了一系列高效、安全的技术手段。而化学稳定化技术,通过添加化学药剂,改变废物中有害物质的化学性质,使其变得稳定无害,便于后续处理与处置。其中,安全填埋技术,作为传统的危险废物处理方法之一,通过严格的场地选择、防渗设计、气体导排等措施,确保了填埋过程中不会对周围环境造成污染。这些技术的综合应用,不仅有效解决了危险废物的处理问题,还极大地降低了其对环境和人类健康的潜在风险,为构建安全、和谐的生态环境提供了有力保障。

第二节 科技成果转化与应用示范

一、生态环境科技成果转化机制

(一)成果筛选

在生态环境科技领域,科研成果如同繁星点点,但并非每一项都能直接转化为解决环境问题的利器。因此,成果筛选成了科技成果转化机制中的首要环节。这一过程需要建立一个全面而严谨的评估体系,涵盖技术创新性、环境效益、经济可行性等多个维度。专家团队通过深入分析科研成果的技术原理、实验数据、应用前景等,筛选出那些真正具有实际应用价值、能够针对具体环境问题提出有效解决方案的科技成果。这些被精选出来的成果,如同被挖掘出的绿色宝藏,为后续的技术熟化与验证奠定了坚实的基础,也预示着它们有潜力成为推动生态环境保护与可持续发展的重要力量。

(二)技术熟化与验证

筛选出的科技成果,虽然初具雏形,但要想在实际应用中大放异彩,还需经过技术熟化与验证这一关键步骤。这一过程旨在通过中试放大、现场试验等手段,对科技成果进行全面而深入的测试,以验证其在不同环境条件下的稳定性和可靠性。中试放大环节,科研人员将实验室规模的小试成果扩大至更接近实际应用的规模,观察并解决可能出现的放大效应问题。现场试验则更是将技术置于真实环境中,检验其在实际操作中的性能表现,包括处理效率、能耗、成本等多个方面。通过这一系列严格而细致的测试,科技成果得以不断优化和完善,确保其在实际应用中能够稳定发挥效用,为环境保护提供坚实的技术支撑。

(三)推动产业化

推动产业化,便是将科技成果转化为实际的产品或服务,通过市场推广和产业化手段,让它们真正走进社会,服务于环境保护与可持续发展的大局。这一过程需要政府、企业、科研机构等多方力量的共同参与和协作。政府可以通过制定优惠政策、提供资金支持等方式,为科技成果的产业化创造有利条件;企业则可以利用自身的市场敏感度和资源整合能力,将科技成果转化为具有市场竞争力的产品;科研机构则继续提供技术支持和后续研发,确保产品的持续创新。通过这一系列努力,科技成果不仅实现了从科研到市场的跨越,更在创造经济效益的同时,带来了显著的环境效益,实现了经济效益和环境效益的双赢局面,为构建绿色、低碳、可持续的社会发展模式贡献了科技力量。

二、生态环境科技成果的应用示范

(一)生态环境科技成果的实地应用示范

在生态环境领域,科技成果的实地应用示范是连接科研与实践的桥梁。它要求选取具有典型特征的地理区域或特定行业,作为技术应用的试验田。在这一过程中,科研人员与实地工作者紧密合作,将实验室中的理论成果转化为可操作的实践方案。以荒漠化治理为例,科研人员会在选定的示范区域内,实施植被恢复计划,通过科学种植耐旱植物,促进土壤结构的改善。同时,引入土壤改良技术,提高土壤的保水能力和肥力,为植被生长提供良好条件。此外,水资源高效利用技术的应用,如节水灌溉系统,能够最大化地减少水资源浪费,确保每一滴水都能用在刀刃上。这些技术的应用,不仅展示了科技在生态环境治理中的巨大潜力,也为后续的技术推广积累了宝贵经验。

(二)应用示范的直观展示

通过实地应用,科技成果的实际效果得以直接呈现,无论是植被覆盖率的提升,还是土壤质量的改善,都能以肉眼可见的方式展现给社会各界。这种直观的展示方式,极大地增强了人们对绿色技术的信心。当社会各界看到科技在荒漠化治理等生态环境问题上的显著成效时,他们会更愿意相信科技的力量,进而支持并参与到生态保护的行动中来。这种信心的增强,是推动绿色技术广泛传播与应用的关键。同时,成功的示范项目还能激发周边地区乃至全国的生态治理热情,形成示范带动效应,推动整个社会对生态环境保护的重视和投入。

第三节 创新驱动发展路径

一、加强基础研究与培育创新主体

(一)强化基础研究

1.聚焦关键科学问题,引领研究方向

在生态环境领域,基础研究是科技创新的源头活水,它旨在探索自然界的本质规律,为解决生态环境问题提供科学依据。为了加强这一环节,必须围绕生态系统演变规律、污染物迁移转化机制、环境与健康风险等关键科学问题,组织力量进行深入研究。这些研究不仅关乎生态环境的保护与修复,更直接影响到人类社会的可持续发展。通过揭示生态系统内部各要素间的相互作用机制,我们可以更科学地预测生态变化趋势,为生态保护提供决策依据;而深入探究污染物的迁移转化过程,则有助于开发更高效的污染治理技术;同时,关注环境与健康风险,能够及早预防因环境污染引发的公共卫生问题。

2.构建多元支持体系,保障研究投入

基础研究具有周期长、风险高、投入大的特点,因此需要构建多元化的支持体系来确保其持续发展。相关部门应发挥主导作用,通过设立专项基金、提供科研经费等方式,加大对基础研究的投入力度。同时,鼓励社会资本参与,形成企业参与、社会支持的多元化投入格局。此外,还应完善科研评价机制,对基础研究成果给予充分认可和奖励,激发科研人员的积极性和创造力。

(二)强化企业创新主体地位

1.提升企业研发能力,打造创新引擎

企业是市场经济活动的主体,也是科技创新的重要力量。在生态环境科技创新中,强化企业的创新主体地位至关重要。企业应加大研发投入,建立专门的研发机构,聚集一批高水平的科研人才,形成持续创新的内在动力。通过自主研发、合作研发等多种形式,不断突破关键技术瓶颈,推动生态环境科技的创新发展。同时,企业还应注重知识产权的保护和管理,确保创新成果能够得到有效转化和应用。

2.深化产学研合作,构建创新生态

产学研合作是推动科技创新的有效途径。企业应积极与高校、科研机构等建立紧密的合作关系,共同开展科研项目攻关、人才培养和技术转移等活动。通过搭建产学研合作平台,实现科研资源的共享和优化配置,加速科技成果的转化和应用。此外,企业还可以参与或主导行业标准的制定,推动生态环境科技的创新成果在行业内的广泛应用和推广。

3.优化创新环境,激发企业创新活力

为了激发企业的创新活力,还需要不断优化创新环境。政府应出台更多支持企业创新的政策措施,如税收减免、资金补贴、人才引进等,降低企业的创新成本和风险。同时,加大知识产权保护力度,打击侵权行为,维护公平竞争的市场秩序。此外,还应营造开放包容的创新文化,鼓励企业敢于尝试、勇于创新,不断突破自我限制,实现更高水平的发展。

二、构建开放协同的创新生态

(一)加强国际科技合作

1.拓宽国际合作渠道

在全球化日益加深的今天,国际科技合作已成为推动生态环境科技创新的重要途径。为了加强与国际先进科研机构和企业的联系,我国应积极拓展国际合作渠道,通过签订合作协议、建立联合实验室、参与国际科技项目等方式,深化与国际伙伴在生态环境领域的合作。这些合作不仅有助于引进国外先进的生态环境技术和管理经验,还能促进国内外科研人员的交流与合作,共同应对全球环境挑战。

2.引进与消化吸收国际先进技术

国际科技合作的核心在于技术的引进与消化吸收,我国应重点关注国际生态环境领域的前沿技术,如高效节能技术、污染控制技术、生态修复技术等,通过国际合作项目、技术转移等方式,将这些技术引入国内。同时,要加强技术的消化吸收和再创新,结合国内实际需求,对引进技术进行本土化改造和优化,使其更好地服务于我国的生态环境保护事业。

3.参与国际规则制定与标准建设

在国际科技合作中,参与国际规则制定与标准建设是提升我国生态环境科技创新国际影响力的重要途径。我国应积极参与国际生态环境领域的标准制定、技术规范编制等工作,推动形成更加公平、合理、科学的国际生态环境科技标准体系。这不仅有助于提升我国在国际生态环境领域的话语权,还能为我国生态环境技术的国际化应用提供有力支撑。

(二)促进跨学科跨领域融合

1.打破学科壁垒,促进交叉融合

生态环境问题的解决往往需要多学科的知识和技术。为了促进生态环境科技创新,必须打破传统学科壁垒,推动生态环境领域与其他学科领域的交叉融合。这包括与信息技术、材料科学、生物技术、经济学、社会学等学科的融合,通过跨学科的合作与交流,形成新的研究思路和方法,为解决生态环境问题提供新的视角和解决方案。

2.建立跨学科研究平台与团队

为了实现跨学科融合,需要建立相应的研究平台和团队。高校和科研机构应鼓励和支持跨学科研究团队的组建,为团队成员提供必要的资源和支持。同时,要建立健全跨学科研究的管理机制和评价体系,确保跨学科研究的顺利进行和成果的有效转化。这些平台和团队的建立,将有助于促进不同学科之间的知识共享和协同创新,推动生态环境科技创新的深入发展。

3.推动产学研用深度融合

产学研用深度融合是促进跨学科跨领域融合的重要手段。通过加强企业、高校、科研机构之间的合作与交流,形成产学研用紧密结合的创新链条。企业可以提出实际需求和技术难题,高校和科研机构则提供技术支持和解决方案,共同推动生态环境技术的研发与应用。这种深度融合不仅有助于加速科技成果的转化和产业化进程,还能促进学科之间的交叉融合和协同创新。

第九章　生态环境应急响应与管理

第一节　环境应急管理体系构建

一、生态环境应急管理体系框架设计

（一）体系框架的核心

在生态环境应急管理体系的框架设计中,需明确技术平台、人员配置、资金保障等核心要素。技术平台是体系的基石,应集成先进的监测、预警、评估与响应技术,确保环境数据的实时采集、快速分析与精准预警。在人员配置方面,需组建一支专业、高效的应急团队,涵盖环境监测、风险评估、应急响应与生态修复等多领域专家,通过定期培训与演练,提升团队的整体应急能力。资金保障则是体系持续运行的物质基础,应确保有足够的预算支持体系的建设、维护与升级,同时建立灵活的资金调配机制,以应对突发环境事件。而体系框架的设计还需注重灵活性,以适应未来可能发生的各种变化。这要求体系在结构上采用模块化设计,各模块之间既相互独立又易于集成,便于根据实际需求进行灵活调整与扩展。此外,体系应具备一定的自适应能力,能够根据环境风险的变化和应急响应的反馈,自动调整预警阈值、响应流程等关键参数,确保体系的持续优化与升级。这种灵活性设计不仅提高了体系的抗风险能力,也为未来的环境应急管理留下了广阔的发展空间。

（二）确保兼容性与无缝对接

在构建生态环境应急管理体系时,还需充分考虑与其他相关体系的兼容

性,确保体系能够与其他系统无缝对接。这要求体系在设计时就应遵循统一的数据标准与接口规范,便于与其他系统如城市应急管理系统、环境监测系统等实现数据的共享与交换。同时,体系应支持多种通信协议与数据格式,以确保与不同系统之间的顺畅通信。而兼容性设计不仅增强了体系的互操作性,也为实现跨系统、跨部门的协同应急响应提供了可能。在突发环境事件发生时,能够迅速整合各方资源,形成统一的应急指挥与调度体系,提高应急响应的效率与效果。因此,在生态环境应急管理体系的框架设计中,确保兼容性与无缝对接是至关重要的一环,它直接关系着体系在实际应用中的效能与可靠性。

二、生态环境应急管理体系关键要素建设

(一)应急预警机制

在生态环境应急管理体系中,应急预警机制是预防环境风险、减轻灾害影响的首道防线。为了实现这一目标,必须充分利用现代科技的力量,特别是先进的监测技术和设备。这些技术和设备能够实时、准确地捕捉环境质量的变化,为数据分析提供坚实的基础。通过对监测数据的深入分析,我们可以及时发现潜在的环境风险,如水质恶化、空气污染加剧等异常情况。一旦发现风险,应急预警机制应迅速启动,通过多渠道发布预警信息,确保相关部门和公众能够及时收到并作出反应。预警信息应包含风险的性质、可能的影响范围以及建议的预防措施等关键内容,以便人们能够根据实际情况采取相应的行动。通过这样的机制,我们可以在环境风险尚未演变成严重灾害之前,就将其控制在萌芽状态,从而有效地保护生态环境和公众健康。

(二)风险评估与预案制定

风险评估是生态环境应急管理体系中的核心环节之一,它要求对区域内的环境风险进行全面、系统的评估,识别出可能对环境造成重大影响的因素,

并建立详细的风险档案。这包括对风险的类型、来源、可能的影响程度以及发生的概率等进行深入分析,为后续的预案制定提供科学依据。基于风险评估的结果,需要制定详细的应急预案。预案应明确在突发事件发生时,各相关部门的职责分工、应对流程以及资源调配方案等关键内容。这包括明确谁负责什么任务、何时应该采取何种措施、如何调配人力、物力等资源,以确保在紧急情况下能够迅速、有序地展开救援工作。通过制定完善的预案,我们可以做到未雨绸缪,有备无患,大大提高应对突发事件的能力和效率。

(三)资源调配的应急响应机制

为了建立高效的应急响应机制,需要成立专门的指挥机构,负责在突发事件发生时迅速启动应急程序。这个指挥机构应具备快速决策、资源调配和现场指挥等多方面的能力,以确保应急措施能够得到有效实施。而指挥机构应建立完善的通信和信息系统,确保信息的及时传递和共享。通过实时掌握现场情况,指挥机构可以迅速做出决策,并调动所需的资源和力量进行救援。同时,指挥机构还应与相关部门和机构保持紧密的联系和协作,形成合力,共同应对突发事件。这样的机制可以确保在紧急情况下能够迅速响应、有效应对,最大限度地减少灾害造成的损失。

(四)应急救援与恢复

为了确保救援工作的顺利进行,我们需要组建专业的应急救援队伍,并配备必要的救援设备和物资。这些队伍应经过严格的培训和演练,具备高度的专业素养和应急处理能力。而定期开展应急演练是提高救援人员应急处理能力的重要途径。模拟真实场景下的救援工作可以让救援人员熟悉应急流程、掌握救援技能,并提高他们的团队协作和应对突发情况的能力。在事件处理后,还应及时开展生态恢复工作,通过植树造林、湿地修复等措施,减少事件对环境的长期影响,促进生态系统的恢复和平衡。

三、跨区域跨部门联防联控

(一)跨区域联防联控打破地域壁垒,实现协同应对

1.信息共享与平台搭建

跨区域联防联控的首要任务是建立信息共享机制。这要求各区域之间打破信息孤岛,通过构建统一的信息共享平台,实现环境监测数据、突发事件信息、应急资源分布等关键信息的实时共享。平台应具备数据整合、分析预测和预警发布等功能,为各区域提供全面、准确的信息支持,确保在突发环境事件发生时能够迅速掌握情况,做出科学决策。

2.合作协议与责任明确

为了加强跨区域之间的合作与协调,应签订跨区域合作协议。协议应明确各区域在联防联控中的职责与义务,包括信息共享、应急响应、资源调配、联合演练等方面的具体要求。同时,建立责任追究机制,对未履行协议规定的区域进行问责,确保联防联控工作的有效落实。通过合作协议形成稳定的合作框架,增强各区域间的互信与协作。

3.联合实战检验

跨区域联防联控机制的有效性需要通过实战演练来检验。各区域应定期组织联合应急演练,模拟跨区域的突发环境事件,检验信息共享、应急响应、资源调配等环节的协同作战能力。演练应注重实战性,模拟真实场景下的应急情况,确保演练结果能够真实反映联防联控机制的实际效果。通过演练,我们可以及时发现机制中存在的问题和不足,为后续的改进和优化提供有力依据。

(二)跨部门协同作战整合资源优势,提升应急效能

1.联席会议与决策协调

跨部门协同作战需要建立高效的决策协调机制。可以通过设立联席会议

制度,定期召集相关部门负责人,共同研究解决生态环境应急管理中的重大问题。联席会议应明确各部门的职责分工,协调各部门之间的行动计划,确保在突发环境事件发生时,能够迅速形成统一的应急指挥体系。同时,联席会议还可以为各部门提供一个交流经验、共享资源的平台,促进部门间的合作与互动。

2.资源整合与优势互补

各部门在生态环境应急管理中拥有不同的资源和优势。为了实现资源的最大化利用,应建立资源整合机制,将各部门的应急资源进行有效整合和合理调配。这包括应急物资、救援队伍、技术设备等资源的共享和互补。通过资源整合,弥补单一部门在资源上的不足,提升整体的应急响应能力和处置效率。同时,还可以促进各部门之间的优势互补,形成合力,共同应对突发环境事件。

3.联合能力提升

跨部门协同作战需要各部门具备相应的应急处理能力和专业素养。因此,应建立联合培训机制,定期对相关部门的人员进行应急处理知识和技能的培训。培训应注重实用性和针对性,结合各部门的工作特点和实际需求,制定个性化的培训方案。通过联合培训,提升各部门人员的应急处理能力和协同作战水平,为跨部门协同作战提供有力的人才保障。

第二节 环境污染事件快速响应机制

一、预警监测

(一)完善全方位环境监测网络

在环境污染事件快速响应机制中,必须构建一个全方位、多层次的环境监测网络。这一网络应覆盖城市、乡村、工业区、水源地等关键区域,确保对环境质量的全面监控。利用高精度传感器和自动化设备,对空气质量中的 PM2.5、

SO_2等污染物,水质中的重金属、有机污染物,以及土壤中的污染物进行实时监测。这些设备能够迅速捕捉环境数据的变化,为预警监测提供及时、准确的信息基础。网络的设计还需考虑地理因素、气象条件以及污染源分布,以确保监测点位的合理布局,从而实现对环境风险的全面识别。

(二)实时监测与风险评估并重

预警监测不仅依赖于完善的监测网络,更需要对实时监测数据进行快速、准确的风险评估。一旦发现异常数据或潜在风险,应立即启动风险评估程序,利用数学模型和专家经验,判断污染物的扩散路径、影响范围以及可能造成的环境危害。在这一过程中,数据的实时传输与处理至关重要,需要形成高效的数据传输机制和强大的数据处理能力,以确保风险评估的及时性和准确性。风险评估的结果将直接指导后续的应急响应措施,包括污染源的快速定位与控制、受影响区域的疏散与救援等,从而为环境保护和公众健康提供有力保障。通过实时监测与风险评估的紧密结合,预警监测体系能够迅速响应环境污染事件,有效减轻其对环境和人类社会的负面影响。

二、迅速成立应急指挥部,负责指挥协调

(一)应急指挥部的迅速成立与职责明确

1.应急指挥部的组成与启动

在生态环境污染事件突发时,迅速成立一个高效、权威的应急指挥部是确保应急处置工作有序进行的关键。应急指挥部作为整个应急响应体系的中枢,承担着统一指挥、协调各方、制定策略、监督执行等多重职责。应急指挥部应由相关部门、环保机构、专业救援队伍以及受影响区域的代表等多方组成。成员应涵盖环境保护、应急管理、公安消防、医疗卫生、交通运输等多个领域,以确保在应对污染事件时能够全方位、多角度地考虑问题,制定出科学合理的应急方案。指挥部的启动应迅速且高效,一旦接到污染事件报告,立即召集相

关人员,明确各自职责,进入应急状态。

2.应急指挥部的核心职责

应急指挥部应成为整个应急处置工作的指挥中心,负责发布应急指令,协调各方行动,确保所有应急措施都在统一指挥下有序进行,并根据污染事件的性质、规模、影响范围等因素,迅速制定应急响应方案,明确应急处置的目标、任务、时间表和责任人。而且,应急指挥部应详细划分各部门的职责和分工,确保每个部门都清楚自己的任务,能够迅速响应,协同作战。对应急处置工作的执行情况进行监督,确保各项措施得到有效落实,并对处置效果进行评估,及时调整优化应急方案。

(二)加强沟通协调,形成工作合力

1.与上级部门沟通协调

在生态环境污染事件的应急处置中,加强沟通协调是确保应急响应机制高效运行的关键。应急指挥部应成为沟通协调的桥梁和纽带,连接上下级部门、相关部门以及受影响区域,形成工作合力。对此,应急指挥部应及时向上级部门报告污染事件的进展情况、应急处置措施以及遇到的困难和问题,争取上级部门的支持和指导。同时,积极落实上级部门的指示和要求,确保应急处置工作符合上级部门的总体部署和战略意图。

2.与相关部门沟通协调

应急指挥部应加强与环保、应急管理、公安消防、医疗卫生等相关部门的沟通协调,确保各部门在应急处置中能够紧密配合,形成工作合力。通过定期召开联席会议、建立信息共享机制等方式,加强部门之间的沟通和协作,共同应对污染事件带来的挑战。

3.与受影响区域沟通协调

应急指挥部应密切关注受影响区域的动态,及时与当地政府、企业和居民进行沟通协调,了解他们的需求和诉求,帮助他们解决实际困难。同时,积极宣传应急处置工作的进展情况和取得的成效,增强公众的信心,争取公众支持。

4.强化跨区域联防联控

对于涉及多个区域的生态环境污染事件,应急指挥部应加强与相关区域的沟通协调,建立跨区域联防联控机制。通过签订合作协议、建立信息共享平台等方式,加强区域间的合作与协作,共同应对污染事件带来的挑战。同时,积极协调各方资源,形成工作合力,确保应急处置工作的顺利进行。

三、开展现场救援工作

(一)现场救援的即时性与专业性

1.污染源控制是阻断污染扩散的源头

污染源控制是现场救援的首要任务,应急队伍需迅速识别污染源,评估其性质、规模和潜在危害,然后采取果断措施加以控制。这可能包括关闭泄漏阀门、封堵排放口、切断污染源与环境的联系等。在此过程中,应急队伍需配备专业的防护装备,如防护服、防毒面具等,以确保自身安全,同时利用专业技术和设备,如泄漏检测仪器、封堵器材等,高效完成污染源控制任务。

2.污染物清理,是消除环境隐患的关键

污染物清理是现场救援的重要环节。根据污染物的种类和性质,应急队伍需选择合适的清理方法和工具,如使用吸油毡吸收油类污染物,使用专用清洁剂清洗化学污染物等。在清理过程中,应严格遵循环保和安全规范,避免造成二次污染或人员伤亡。同时,应急队伍还需对清理过程中产生的废弃物进行妥善处理,确保其得到安全处置或回收利用。

3.针对性补救措施是恢复环境原貌的必要步骤

针对性补救措施是现场救援的后续工作,也是恢复环境原貌、减少长期环境影响的必要步骤。根据污染程度和生态环境类型,应急队伍需制订详细的修复计划,包括土壤改良、植被恢复、水体净化等。在修复过程中,应充分考虑生态系统的自然恢复能力,采用科学合理的修复技术和方法,确保生态环境得到有效恢复。

(二)多部门联动,构建救援合力

1. 医疗救治是守护生命安全的防线

在环境污染事件中,受伤人员的救治是救援工作的重要组成部分。应急队伍应与医疗部门保持紧密联系,确保人员在受伤时能够迅速得到专业救治。同时,应急队伍也应掌握基本的急救知识和技能,以便在救援现场进行初步救治和稳定伤情。

2. 消防支持是应对紧急情况的坚强后盾

消防部门在环境污染事件的现场救援中发挥着重要作用。他们不仅具备专业的灭火和救援技能,还能提供必要的消防设备和人员支持。在应对易燃易爆、有毒有害等危险物质泄漏时,消防部门的及时介入和有效处置,对于控制火势、防止爆炸、减少人员伤亡和环境污染具有至关重要的意义。

3. 部门间协同是形成救援合力的关键

除了医疗和消防部门外,现场救援还需要环保、交通、公安等多个部门的协同配合。各部门应充分发挥各自的专业优势,共同应对环境污染事件。例如,环保部门负责监测污染状况、评估环境风险;交通部门负责保障救援道路的畅通无阻;公安部门负责维护现场秩序、保障救援工作的顺利进行。部门间的紧密协同和有效配合,可以形成强大的救援合力,共同应对环境污染事件带来的挑战。

第三节 生态灾害预警与应急处置

一、生态灾害预警

(一)信息收集

生态灾害预警的第一步,是全面而精确地收集生态环境数据。这依赖于一个由卫星遥感、地面监测站、在线监测设备等构成的多元化监测体系。卫星遥感技术以其广阔的视野,能够实时监测森林覆盖、水体变化、土地利用等宏观生态指标;地面监测站则深入细微,精确测量空气质量、水质状况、土壤污染等关键参数;在线监测设备则如同生态系统的"听诊器",24小时不间断地捕捉生物多样性的微妙变化。这些数据如同生态系统的"生命体征",为预警系统提供了坚实的数据基石。通过云计算和大数据技术,这些数据被迅速整合、分析,为后续的风险预测提供了科学依据,确保了预警的及时性和准确性。

(二)风险预测

在信息收集的基础上,风险预测成为生态灾害预警的关键环节。科学家们利用先进的数学模型,如地理信息系统(GIS)、人工神经网络(ANN)等,对海量生态数据进行深度挖掘,揭示出生态灾害发生的潜在规律和趋势。同时,结合生态学专家的长期观察经验,对模型预测结果进行校验和修正,确保预测结果的可靠性和实用性。预警等级和预警区域的确定,不仅基于科学分析,还充分考虑了地域特色、生态敏感性和社会经济因素,使得预警信息更加精准、有针对性。这种科学与经验的深度融合,为生态灾害的提前干预和有效防控提供了可能。

(三)预警信息发布

预警信息的及时发布,是生态灾害预警体系有效性的直接体现。为了确保信息能够迅速、准确地传达给每一位可能受影响的民众,预警系统采用了电视、广播、互联网、手机短信等多种传播渠道。电视广播以其广泛的覆盖面,成为传递紧急信息的首选;互联网平台则以其快速、便捷的特点,成为年轻人获取信息的主要来源;手机短信则以其直达个人的特性,确保了信息的无遗漏传达。预警信息不仅包含灾害类型、预警级别、可能影响区域等基本信息,还附带了详细的防范措施和避难指南,帮助民众在第一时间做出正确反应,有效降低了生态灾害带来的损失。

(四)预警响应与调整

相关部门和单位在接到预警后,需要立即启动应急预案,组织人员、物资进行应急准备。这包括但不限于疏散群众、封锁危险区域、启动救援队伍等。同时,预警系统并非一成不变,而是根据灾害的实际发展情况和采取措施的效果,进行动态调整。预警级别的升降、应对措施的优化,都基于实时的监测数据和科学的评估,确保了应急资源的合理配置和高效利用。这种动态管理的机制,不仅增强了应急响应的灵活性,也增强了生态灾害防控的针对性和实效性。通过预警响应与调整的紧密配合,生态灾害预警体系真正成为一道守护绿水青山的坚固防线。

二、生态灾害应急处置

(一)应急响应启动

如果灾害发生,立即启动精心制定的应急预案,这是整个应急处置工作的第一步,也是至关重要的一环。应急预案明确了各级应急响应机构的职责和任务,确保在紧急情况下,各级机构能够迅速进入状态,各司其职,协同作战。从国家级到地方级,再到具体的执行层面,每一个应急响应机构都需明确自己的角色和责任,确保应急资源的合理调配和高效利用。同时,启动应急响应也意味着开启了与灾害赛跑的倒计时,每一分每一秒都至关重要,必须争分夺秒地展开救援和处置工作,以最大限度地减少灾害带来的损失和影响。

(二)生态灾害应急处置中,人员疏散与安置

1.疏散计划制订

在生态灾害应急处置中,人员疏散计划的制订是首要任务。这一计划需根据灾害的具体类型、影响范围、危害程度以及地形地貌等多方面因素进行综合考虑。首先,通过精确的灾害预测和风险评估,确定疏散区域和疏散路线,确保疏散路径避开危险区域,减少二次伤害的风险。接着,对疏散区域的人口密度、建筑结构、交通状况等进行详细分析,制定分批次、分区域的疏散策略,避免疏散过程中的拥堵和混乱。同时,计划中还需明确疏散指挥体系、责任分工、通信保障等关键环节,确保疏散工作有序进行。此外,还需考虑疏散后的安置方案,包括临时避难所的选址、物资储备、医疗救助等,确保疏散人员的基本生活需求得到满足。通过科学细致的规划,为人员疏散与安置工作奠定坚实基础。

2.有序疏散

在生态灾害发生时,相关部门应迅速启动应急响应机制,按照预定计划组织受威胁区域的公众有序疏散。这包括通过广播、电视、手机短信等多种渠道及时发布疏散指令,确保信息覆盖到每一位居民。同时,组织专业救援队伍和志愿者队伍,在疏散路线上设置引导标志,提供必要的帮助和指导,确保疏散人员能够按照既定路线安全撤离。在疏散过程中,还需注意保持秩序,避免恐慌和踩踏等意外情况的发生。对于行动不便或需要特殊照顾的人员,应安排专人进行协助,确保他们能够顺利疏散至安全地带。通过有序的组织和高效的执行,确保疏散工作的顺利进行。

3.特殊人群关照

在人员疏散与安置工作中,特殊人群的关照是不可或缺的一环。老人、儿童、病人等群体由于身体条件或心理状态的特殊性,往往更容易受到灾害的影

响。因此,在疏散过程中,应给予他们特别的关照和照顾。对于老人和行动不便的人员,应安排专门的交通工具进行接送,确保他们能够安全、舒适地撤离。对于儿童,除了确保他们的安全疏散外,还需关注他们的心理需求,提供必要的安抚和陪伴。对于病人,特别是需要持续治疗或特殊护理的病人,应提前与医疗机构进行协调,确保他们在疏散过程中能够得到及时有效的医疗救助。同时,在安置点设置专门的区域和设施,满足特殊人群的特殊需求,让他们在灾难中感受到温暖和关怀。通过细致入微的关照和人性化的服务,让每一位受灾害影响的人员都能感受到社会的温暖和力量。

(三)及时公布应急监测信息

在生态灾害应急处置中,应急监测通过对灾害现场进行实时监测,能够准确掌握灾害的发展动态和污染扩散情况,为后续的应急处置提供科学依据。这要求监测人员必须具备高度的专业素养和敏锐的洞察力,能够迅速识别出灾害的潜在风险和变化趋势。同时,信息发布也是至关重要的一环。通过官方渠道及时、准确、全面地发布事件进展、应急措施和公众防护指南等信息,不仅能够让公众及时了解灾害情况,增强自我保护意识,还能够有效引导舆论,避免不必要的恐慌和误解。这要求信息发布机构必须保持高度的透明度和公信力,确保信息的真实性和准确性。

(四)后期处置与评估

生态灾害得到初步控制后,后期处置与评估工作便成了重中之重。这包括对受灾区域进行彻底的清理和恢复工作,以及对整个灾害应对过程进行总结评估。清理恢复工作旨在消除灾害留下的痕迹,恢复受灾区域的生态环境和生产生活秩序。这要求相关部门必须投入足够的人力和物力,采用科学合理的清理方法和恢复措施,确保受灾区域能够尽快恢复正常。同时,总结评估工作也是不可或缺的一环。通过对灾害应对过程的全面回顾和分析,我们可以从中汲取经验教训,找出存在的问题和不足,进而完善应急预案和处置流程。这不仅是对本次灾害的总结,更是对未来可能发生的灾害的预防和准备。通过不断的总结和提升,我们能够更加有效地应对生态灾害带来的挑战,保护人民群众的生命财产安全和生态环境的安全稳定。

第四节 事后恢复与重建策略

一、恢复与重建的主要方式

(一)根据受损生态环境制定可行性恢复与重建方案

1.恢复目标设定

在生态灾害发生后,首要任务是对受损生态环境进行全面的评估和监测。这包括对土壤、水体、植被、野生动物等多个生态系统组分的损害程度进行量化分析,以及评估灾害对生态系统整体结构和功能的影响。通过遥感技术、地面调查、实验室分析等多种手段,获取翔实的数据,为后续的恢复与重建工作提供科学依据。而基于生态环境评估的结果,需要设定明确的恢复目标。这些目标应既包括短期的应急恢复措施,如防止土壤侵蚀、水体污染等,也涵盖长期的生态系统重建目标,如恢复生物多样性、提升生态系统服务功能等。目标的设定需充分考虑生态系统的自然恢复能力和人为干预的可行性,确保既不过于激进也不过于保守。

2.恢复方案制定

根据恢复目标,制定具体的恢复与重建方案。这包括选择适当的恢复技术,如植被种植、土壤改良、水体净化等,以及确定实施的时间表、空间布局和资源需求。方案还应考虑生态系统的自然演替规律,尽量采用生态友好的方法,避免对生态系统造成二次伤害。而恢复方案的实施需要精心组织,确保各项措施能够按计划顺利推进。

（二）基础设施重建

1.基础设施损害评估

在生态灾害发生后,首先要对受损的基础设施进行全面的损害评估。这包括对交通、通信、供水、供电等关键基础设施的损坏程度进行量化分析,以及评估这些损害对受灾地区居民生活和社会经济活动的影响。通过评估,可以明确重建的重点和优先级。

2.抢修与临时恢复

在损害评估的基础上,需要迅速组织抢修工作,确保受灾地区的基本生活需求得到满足。对于供水、供电等关键设施,应尽快恢复其功能,减少灾害对居民生活的影响。同时,对于交通和通信设施,也需要进行必要的抢修,以保障救援物资和信息的畅通。

3.重建规划与抗灾设计

在抢修和临时恢复的基础上,需要制定长期的重建规划。规划应充分考虑未来灾害的可能性,提高基础设施的抗灾能力。例如,在交通设施规划中,可以优化线路布局,避免将重要交通节点设置在易受灾区域;在供水设施设计中,可以采用更加坚固的材料和技术,提高设施的抗震、抗洪能力。

4.重建实施与质量监督

重建工作的实施需要严格按照规划进行,确保各项措施能够落到实处。同时,质量监督也是不可忽视的一环。通过加强施工过程中的质量检查和验收工作,可以确保重建的基础设施符合设计要求,具备预期的抗灾能力。

5.后期维护与管理

重建工作的完成并不意味着任务的结束。相反,后期维护和管理同样重要。通过定期的检查和维护,可以及时发现并处理潜在的问题,延长基础设施的使用寿命。同时,通过加强管理和培训,可以提高设施运营人员的专业素养和应急处理能力,确保在灾害发生时能够迅速响应。

二、恢复与重建的保障措施

(一)资金保障

1. 设立专项基金,确保资金来源

在生态环境事后恢复与重建的过程中,资金是不可或缺的基石。为确保受灾地区能够迅速、有效地开展恢复与重建工作,必须设立专项恢复与重建基金。这项基金应来源于政府拨款、社会捐赠、国际援助等多个渠道,形成多元化的资金筹集体系。政府应作为主导力量,加大财政投入,同时鼓励社会各界积极参与,共同为受灾地区的恢复与重建贡献力量。

2. 加强资金管理,确保使用透明

资金的管理和使用是保障措施中的关键环节,为确保恢复与重建资金能够真正用于刀刃上,必须建立健全的资金管理制度。这包括制订详细的资金使用计划,明确资金的使用范围、使用方式和使用时间,确保每一分钱都能够用在实处。同时,要加强资金的监督和审计,建立严格的财务审计制度,对资金的使用情况进行定期或不定期的审计检查,确保资金使用的合法性和合规性。此外,还应通过公开透明的方式,向社会公布资金的使用情况,接受社会监督,增强资金使用的公信力和透明度。

3. 提高使用效益,确保资金效果

为提高资金的使用效益,必须加强对恢复与重建项目的评估和筛选,确保项目实施的可行性和有效性。同时,要优化资金配置,根据受灾地区的实际情况和需求,合理分配资金,确保重点区域和重点项目的资金需求得到满足。此外,还应加强资金使用的绩效评价,对资金使用的效果进行定期评估,及时调整资金使用策略,确保资金能够发挥最大的效益。

(二)技术保障

1.加强技术研发,提升科技含量

生态恢复与重建是一项复杂而艰巨的任务,需要先进的科技支撑。为加强技术保障,必须加大生态恢复与重建技术的研发力度。这包括加强科研机构和高校的合作,共同开展生态恢复与重建技术的研发工作;鼓励企业参与技术创新,推动科技成果的转化和应用;加强国际交流与合作,引进国外先进的生态恢复与重建技术和管理经验。通过技术研发和创新,不断提升生态恢复与重建工作的科技含量和效果。

2.推广先进技术,提高实施效果

技术的推广和应用是技术保障措施的重要环节。为确保生态恢复与重建工作能够取得实效,必须积极推广先进的生态恢复与重建技术。这包括加强技术培训和指导,提高基层工作人员的技术水平和操作能力;建立技术示范点,展示先进技术的实施效果和优势;加强技术宣传和推广,提高公众对生态恢复与重建技术的认知度和接受度。通过技术的推广和应用,不断提高生态恢复与重建工作的实施效果和质量。

3.建立专家咨询机制,提供必要支持

专家咨询机制是技术保障措施的重要组成部分,为确保生态恢复与重建工作能够科学、有序地进行,必须建立由相关领域专家组成的咨询机制。这些专家应具有丰富的实践经验和专业知识,能够为受灾地区的恢复与重建提供科学的指导和建议。咨询机制应定期召开会议,对恢复与重建工作中的重大问题进行研究和讨论,提出切实可行的解决方案。同时,还应加强专家与基层工作人员的沟通和交流,及时解决实施过程中遇到的技术难题和问题,为生态恢复与重建工作提供有力的智力支持。

4.强化技术集成,提升综合效益

在生态恢复与重建过程中,应注重技术的集成。通过整合不同领域的技术资源,形成技术合力,提高恢复与重建工作的综合效益。例如,可以将生态恢复技术与农业技术、水利技术、林业技术等相结合,形成综合性的恢复与重建方案。同时,还应鼓励技术创新和模式创新,探索适合不同地区、不同生态类型的恢复与重建模式和方法。通过技术的集成与创新,不断增强生态恢复与重建工作的科学性和实效性。

第十章　生态环境教育与公众参与

第一节　环境教育的内容与方法

一、生态环境教育的内容

(一)生态环境技术基本知识

生态环境技术基本知识是生态环境教育的基石,它旨在为社会公众构建起对生态环境及环境问题的科学认知框架。这一部分内容包括对生态环境概念的清晰界定,阐述其构成要素、功能特征以及与人类社会的紧密联系。接着,深入剖析环境问题的产生根源,如工业化进程中的过度开发、资源不合理利用等,揭示环境污染与生态破坏的严峻现状。环境污染防治与管理部分,则详细介绍了各类污染物的治理技术、环境管理政策与法规,以及环境监测与评估的方法。更为重要的是,教育人们理解可持续发展与环境保护之间的内在联系,强调在满足当代人需求的同时,不损害后代人满足其需求的能力,从而树立起科学的环境保护观念,为后续的行动奠定坚实的理论基础。

(二)生态环境意识

生态环境意识的培养是生态环境教育的核心任务之一。它涵盖了多个层面,首先是要认识环境,即意识到自然环境是人类生存与发展的基础,理解生态系统的复杂性与脆弱性。保护环境意识则进一步要求人们将环保理念内化于心、外化于行,时刻关注身边的环境状况,对破坏环境的行为保持警惕。而环境质量意识促使人们关注环境质量的改善,追求更高标准的生态环境品质。生态环境文明意识则倡导人与自然和谐共生的价值观,鼓励人们尊重自然、顺应自然、保护自然。并且,积极参与环境保护意识的培养,激发公众主动参与环保活动的热情,形成全社会共同守护绿水青山的良好风尚。

(三)生态环境保护行动方式

教育人们如何保护生态环境,首先要从日常生活做起,比如垃圾分类,通过科学分类减少垃圾处理压力,促进资源循环利用。节能减排则要求人们在日常生活中节约能源,减少碳排放,如使用节能电器、绿色出行等,以实际行动减缓气候变化。植树造林是恢复生态系统、提升环境质量的有效途径,既能增加绿化面积,又能改善空气质量。此外,强调个人和集体在环境保护中的责任和作用,鼓励个人从小事做起,同时倡导集体行动,如参与环保公益活动、推动绿色社区建设等,形成强大的环保合力。通过这些具体行动方式的推广与实践,让环保理念深入人心,成为每个人的自觉行动。

(四)生态安全意识

生态安全意识的培养是生态环境教育不可或缺的一部分。它要求人们具备对生态环境风险的敏感性和识别能力,能够及时发现并评估环境污染和生态破坏可能带来的潜在危害。这包括了解各类污染物的危害程度、传播途径及影响范围,以及掌握基本的应急处理知识和技能。增强自我保护意识,意味着在面对环境风险时,能够采取有效措施保护自己和家人的健康,如佩戴口罩、避免饮用受污染的水源等。同时,生态安全意识也鼓励人们积极参与环境监督,对违法排污、破坏生态的行为进行举报,共同维护生态环境的安全与稳定。通过生态安全意识的增强,构建起一道坚固的环境防护网,为人类的可持续发展保驾护航。

(五)生态环保知识教育

生态环保知识教育是生态环境教育的深化与拓展,它侧重于普及生态学、环境科学、资源科学等领域的专业知识。通过教育,让人们了解生态系统的基本规律,如物质循环、能量流动、生物多样性等,认识到生态系统的复杂性和稳定性对于维持地球生命系统的重要性。同时,揭示环境问题的严重性,如全球变暖、生物多样性丧失、水资源短缺等,增强人们的危机感和紧迫感。掌握资源节约和循环利用的方法,如节水节电、废物回收利用、绿色消费等,是实现可持续发展的重要途径。生态环保知识教育还鼓励人们运用科学知识和技术手段解决环境问题,如参与环保科研项目、推广绿色技术等,为环境保护事业贡献智慧和力量。通过全面而深入的生态环保知识教育,培养出一批具有科学素养和环保意识的公民,共同推动生态文明建设迈向新高度。

二、生态环境教育的方法

(一)课堂教学

1.教材内容的科学性与趣味性结合

课堂教学作为生态环境教育的主阵地,其教材内容的编排至关重要。教材应既包含生态学、环境科学等基础知识,确保学生构建起扎实的理论基础,又应融入生动有趣的案例、故事,以激发学生的学习兴趣。例如,通过讲述生物多样性保护的重要性,结合具体物种濒危的案例,让学生感受到生态保护的紧迫性,或者通过介绍绿色能源的应用,展示未来可持续发展的美好愿景,激发学生的探索欲望。

2.多媒体教学手段的运用

随着科技的发展,多媒体教学已成为课堂教学的重要组成部分。利用PPT、视频、动画等多媒体资源,可以将抽象的环保知识直观化、形象化,提高教学效果。比如,通过模拟生态系统运行的动画,让学生直观理解生态平衡的微妙与复杂,或者播放环保纪录片,让学生在震撼的视觉体验中,深刻认识到环境问题的严峻性。这些多媒体手段不仅丰富了教学手段,也增强了学生的学习体验,使环保知识更加易于接受和理解。

3.环保活动的组织

课堂教学不应仅限于理论知识的传授,更应注重实践能力的培养。通过组织实地考察、环保小实验、环保项目设计等实践活动,让学生将所学知识应用于实际,培养他们的环保实践能力。例如,组织学生参观污水处理厂,了解污水处理的过程和技术,激发学生对水资源保护的思考,或者引导学生设计并实施校园垃圾分类计划,让他们在实践中体会垃圾分类的重要性。这些活动不仅加深了学生对环保知识的理解,也增强了他们的环保责任感和行动力。

(二)生态环境教育的实践活动

1.绿色生活方式体验

推广绿色生活方式,是生态环境教育深入人心的关键。绿色出行,如骑行、步行或使用公共交通工具,不仅减少了碳排放,还锻炼了身体,提升了生活质量。节能减排,鼓励公众在日常生活中使用节能灯具、合理调节空调温度、选择能效等级高的家电产品,这些看似微小的改变,实则对节能减排贡献巨大。节约用水用电,通过安装节水器具、合理规划家庭用电,既节约了资源,又降低了生活成本。这些绿色生活方式的体验,让公众在享受现代生活便利的同时,也能感受到对环境的积极影响,从而更加自觉地践行环保理念,形成健康、低碳的生活方式。

2.环境纪念日活动

环境纪念日,如世界环境日、地球日等,是增强公众环保意识、凝聚环保力量的重要时刻。这些日子,各地会组织丰富多彩的环保主题活动,如环保知识竞赛,通过趣味性的问答,让公众在轻松愉快的氛围中学习环保知识;环保主题展览,则通过图片、视频、实物等多种形式,直观展示环境问题及解决方案,激发公众的思考和行动。此外,还有环保论坛、讲座等,邀请专家学者、环保人士分享经验,探讨环保趋势,为公众提供深入了解和参与环保的平台。环境纪念日活动不仅提高了公众对环保问题的关注度,更激发了社会各界参与环保行动的热情,共同推动环境保护事业的发展。通过这些活动,环保理念得以深入人心,成为全社会共同的责任和追求。

(三)媒体宣传

1.电视与广播的广泛覆盖

电视和广播作为传统媒体,具有覆盖面广、传播速度快的特点,是生态环境教育的重要载体。通过制作和播放环保专题节目、公益广告、环保新闻等,可以迅速提升公众对环保问题的关注度。这些节目可以涵盖环保政策解读、环保科技进展、环保人物事迹等多个方面,既传递了环保知识,也弘扬了环保正能量。

2.网络平台的深度互动

互联网时代的到来,为生态环境教育提供了新的机遇。利用社交媒体、短视频平台、在线论坛等,可以更加灵活地传播环保理念,与公众进行深度互动。例如,通过微博、微信公众号发布环保文章、视频,引发公众讨论,或者组织线上环保知识竞赛、问答活动,提高公众的参与度和学习热情。网络平台还具有数据收集和分析的功能,可以帮助教育者更好地了解公众对环保的认知和需求,从而调整教育策略,提高教育效果。

3.媒体合作与跨界融合

媒体宣传不应孤立进行,而应与其他领域进行跨界合作,形成合力。例如,与影视行业合作,拍摄环保题材的电影、电视剧,通过艺术的形式传递环保信息,或者与游戏行业合作,开发环保主题的游戏,让玩家在游戏中学习环保知识。这些跨界合作不仅拓宽了环保信息的传播渠道,也丰富了环保教育的形式和内容,使环保理念更加深入人心。

(四)社区参与

1.环保讲座与展览的举办

社区是生态环境教育的重要阵地。通过定期举办环保讲座、展览等活动,可以增进社区居民对环保知识的了解,增强他们的环保意识。讲座可以邀请环保专家、学者进行专题讲解,或者分享社区环保的成功案例;展览则可以展示环保科技成果、环保艺术作品等,让居民在欣赏中接受教育。这些活动不仅丰富了社区文化生活,也促进了环保理念的传播。

2.志愿服务的开展

鼓励社区居民参与环保志愿服务,是推动社区环保工作的重要途径。可以组织居民参与垃圾分类指导、社区绿化、环保宣传等志愿服务活动,让他们在实践中体会环保的意义和价值。志愿服务不仅增强了居民的环保责任感,也促进了社区内部的团结和协作,形成了良好的环保氛围。

3.社区环保项目的实施

社区还可以根据自身特点,实施一些环保项目,如雨水收集利用、垃圾分类回收、绿色屋顶建设等。这些项目的实施,不仅改善了社区环境,也提高了居民的环保参与度。同时,通过项目的示范效应,可以带动更多社区加入环保行动中来,共同推动城市环保工作的发展。社区环保项目的成功实施,还需要政府、企业、社会组织等多方面的支持和配合,形成共建共治共享的良好局面。

第二节 公众参与的途径与机制

一、公众参与的主要途径

(一)环境教育与培训

1.社会教育

社会教育是公众参与环境保护的重要途径之一,它利用社区、媒体、网络等多元化平台,广泛传播环保知识,增强公众的环保意识。社区作为人们日常生活的重要场所,可以定期举办环保知识讲座,邀请环保专家为居民普及环保常识,解答环保疑问,让环保理念深入人心。同时,利用媒体和网络的力量,开展环保主题展览、在线环保课程、环保宣传活动等,以图文并茂、生动有趣的形式,吸引公众关注环境问题,激发其参与环保行动的热情。通过这些社会教育活动,不仅能够增强公众的环保意识,还能促进环保知识的普及,为构建绿色社会奠定坚实的基础。

2.专业培训

针对环保志愿者、企业员工等特定群体,可以组织专业的环保培训和技能提升课程。对于环保志愿者,可以开展环保项目策划、环保监测技术、环保法律法规等方面的培训,提升他们的环保行动能力和组织协调能力。对于企业员工,特别是环保岗位的工作人员,应定期进行环保技能培训,包括污染治理技术、节能减排措施、环保设备操作等,确保他们在工作中能够严格遵守环保标准,有效减少环境污染。通过专业培训,不仅能够提升公众的环保实践能力,还能推动环保工作的专业化、规范化发展。

(二)环保公益活动

1.植树造林

植树造林作为公众生态环境保护的重要一环,不仅能够显著增加绿地面积,提升森林覆盖率,还能有效改善生态环境,增强生态系统的稳定性和抵御自然灾害的能力。社会各界应积极组织植树造林活动,鼓励公众广泛参与。活动可以选取城市公园、乡村荒地、学校周边等区域作为植树地点,通过科学规划,选择适宜的树种进行种植。在植树过程中,专业人员应给予现场指导,确保树苗的成活率。此外,还可以结合植树活动,开展环保知识宣传,让参与者在劳动中学习到树木对环境的贡献,如净化空气、保持水土、调节气候等,从而更加珍惜和爱护自然环境。植树造林不仅是一项公益活动,更是每个人为地球增添一抹绿色的责任与担当,让绿意盎然成为大地永恒的底色。

2.河流清理

河流作为地球的血脉,其清洁与健康直接关系着人类的生存和发展。而随着工业化和城市化的加速,河流污染问题日益严峻。因此,发动志愿者参与河流清理活动,成为保护水资源、维护水生态平衡的有效举措。志愿者们可以组成清理小队,携带专业工具,对河流、湖泊等水域的垃圾和污染物进行彻底清理。同时,活动组织者应加强对志愿者的培训,确保清理过程中的安全,并传授正确的垃圾分类和处理方法。通过河流清理活动,不仅能够直接改善水域环境,还能提高公众对水资源保护的认识,激发更多人参与到保护母亲河的行动中来。每一次弯腰捡拾,都是对自然的一份尊重与爱护,共同绘制出水清岸绿的美好画卷。

3.垃圾分类回收

在公众生态环境保护中,推广垃圾分类回收制度,鼓励公众积极参与,是实现绿色生活、建设生态文明的关键。应加大宣传力度,通过媒体、社区活动等多种渠道,普及垃圾分类知识,让公众了解垃圾分类的重要性和具体操作方法。同时,设置足够的分类垃圾桶,优化回收网络,确保分类后的垃圾能够得到及时有效的处理。公众在日常生活中应养成垃圾分类的习惯,将可回收物、有害垃圾、湿垃圾(厨余垃圾)、干垃圾(其他垃圾)等分类投放,促进资源的再利用和减量化。垃圾分类回收不仅是一项环保行动,更是一种生活方式的转变,它要求每个人在日常生活中做出选择,为构建循环经济体系、保护地球家园贡献自己的力量。

(三)环境信息公开与监督

1.环境信息的公开

环境信息的公开是保障公众知情权、参与权和监督权的重要前提。相关环保部门和企业应主动公开环境信息,包括环境质量状况、污染源排放情况、环保政策法规等,让公众及时了解环境状况,为参与环保行动提供决策依据。环境信息的公开应做到及时、准确、全面,通过官方网站、社交媒体、新闻媒体等多种渠道进行发布,确保信息能够广泛传播。同时,还应建立环境信息公开的反馈机制,对公众提出的疑问和建议进行及时回应,增强公众对环保工作的信任和支持。

2.公众参与监督

公众参与监督是推动生态环境问题及时解决与保护的重要力量。为了鼓励公众参与环境监督,应建立健全公众参与机制,为公众提供便捷的监督渠道。可以通过设立环保举报热线、在线举报平台等方式,方便公众随时举报环境违法行为。同时,还应建立环境问题的快速响应机制,对公众的举报进行及时调查处理,并将处理结果向公众公开,接受社会监督。此外,还可以鼓励公众参与环保项目的评估、验收等环节,让公众成为环保工作的监督者和参与者,共同推动生态环境问题的及时解决与保护。通过公众参与监督,不仅能够增强公众的环保责任感,还能促进环保工作的透明化和公正性,为构建美丽中国贡献力量。

二、公众参与的机制保障

(一)组织建设与协调

1.建立环保组织

环保社会组织作为连接相关环保部门与公众的桥梁,在推动公众参与生态环境保护中发挥着至关重要的作用。为了构建更加完善的公众参与体系,应大力鼓励和支持环保社会组织的成立和发展。这些组织不仅能够汇聚志同道合的环保人士,共同致力于环境保护事业,还能为公众提供参与环保活动的平台和机会。通过组织各类环保活动,如清洁行动、植树造林、环保讲座等,环保社会组织能够有效增强公众的环保意识,激发其参与热情。同时,这些组织还能为公众提供环保知识和技能培训,提升公众的环保实践能力,为生态环境保护贡献更多力量。

2.多方协调推动

生态环境保护是一项系统工程,需要政府、企业、社会组织以及公众等多方面的共同努力。为了实现这一目标,各方应加强协调合作,形成合力。企业应积极履行社会责任,投身环保事业,为公众参与提供资金和技术支持;社会组织则应发挥自身优势,搭建平台,促进各方交流与合作。通过多方协调推动,可以更加有效地整合各方资源,形成优势互补、协同作战的局面,共同推动公众参与生态环境保护工作,为构建美丽家园贡献力量。

(二)反馈与激励机制

1.建立反馈机制

公众参与生态环境保护的效果如何,很大程度上取决于公众意见的反馈情况。因此,建立及时、有效的反馈机制至关重要。政府和相关机构应设立专门的反馈渠道,如热线电话、电子邮箱、在线平台等,方便公众随时提出意见和建议。同时,还应建立反馈处理机制,对公众的意见进行认真梳理和分析,及时作出回应。对于合理的建议和意见,应积极采纳并实施,让公众感受到自己的参与是有价值的。通过建立反馈机制,不仅可以增强公众的参与感和满足感,还能促进政府决策的民主化和科学化,推动生态环境保护工作的深入开展。

2.实施激励措施

为了激发公众的环保热情和积极性,应实施相应的激励措施。对于积极参与环保活动的个人和团体,应给予表彰和奖励。这种奖励可以是物质上的,如奖金、奖品等,也可以是精神上的,如荣誉称号、表彰大会等。通过实施激励措施,可以让公众感受到自己的付出得到了认可和尊重,从而更加积极地投入到环保事业中去。同时,这种激励还能产生示范效应,吸引更多人参与到环保活动中来,形成人人参与、人人贡献的良好氛围。因此,实施激励措施是推动公众参与生态环境保护工作的重要手段之一,应得到充分的重视和应用。

第三节　环境意识增强活动案例

一、科普教育活动

（一）中国科学院庐山植物园（江西省九江市）："闻虫鸣、识草木、爱自然"全国科普日活动

1.活动内容

在中国科学院庐山植物园这片自然与科学的殿堂中，一场别开生面的科普活动——"闻虫鸣、识草木、爱自然"全国科普日活动如火如荼地展开。活动带领学生们走出教室，深入植物园腹地，进行了一场户外植物探索之旅。学生们在专业人员的引导下，近距离观察各类植物，从叶片的纹理到花朵的结构，每一处细节都充满了探索的乐趣。通过生动有趣的讲解，学生们逐渐理解了植物模式标本的概念，并尝试辨识部分庐山特有的模式标本植物。此外，活动还特别安排了向植物学家胡先骕、秦仁昌、陈封怀（尊称"三老"）致敬的环节，通过讲述三位科学家的生平事迹和卓越贡献，让学生们深刻感受到科学家们对自然科学的热爱与执着，激发了他们探索自然科学的热情。在活动的尾声，学生们被引导着制作体验式自然笔记，将所见所感以图文并茂的方式记录下来，不仅加深了对植物知识的理解和记忆，更培养了他们观察自然、记录生活的好习惯。

2.活动成效

"闻虫鸣、识草木、爱自然"全国科普日活动，不仅为学生们提供了一次亲近自然、探索自然的宝贵机会，更通过一系列寓教于乐的活动，增强了他们对森林运作规律和自然生态平衡的理解。学生们在探索中学会了尊重自然、爱护自然，增强了可持续发展和绿色发展的意识。这样的活动，对于培养新一代环保小卫士，推动生态文明建设具有重要意义。

（二）郑州市高新区2024年环境保护宣传教育活动

1.开展方式

随着第二个全国生态日的临近,郑州市高新区五龙口水务分公司积极响应国家号召,以"加快经济社会发展全面绿色转型"为主题,开展了一系列丰富多彩的环境保护宣传教育活动。其中,《水精灵历险记》和环保小课堂成了活动的亮点。《水精灵历险记》是一部寓教于乐的科普动画片,通过生动有趣的故事情节,向学生们展示了水资源的重要性以及保护水资源的紧迫性。在观看动画片的过程中,学生们被深深吸引,对水资源的珍贵有了更加直观的认识。紧接着,环保小课堂则带领学生们走进了科学的殿堂。在这里,学生们通过显微镜仔细观察了微生物的生长过程,亲眼见证了生命的奇妙与伟大。随后,在专业人员的带领下,学生们走进了生产厂区,实地参观了污水处理设备。从污水的进入、处理到最终的排放,每一个环节都让学生惊叹不已。通过专业人员的详细讲解,学生不仅了解了污水处理的技术原理、工艺流程,更深刻体会到了水资源的来之不易。

2.活动成效

环境保护宣传教育活动,不仅让学生们深刻认识到了水资源的珍贵和来之不易,更激发了他们保护水资源、养成节水、护水、爱水的良好习惯。通过亲身体验和实地参观,学生对环保理念有了更加深刻的理解和认同。他们纷纷表示,将把学到的环保知识应用到日常生活中,从点滴做起,为保护地球家园贡献自己的力量。同时,他们也将积极向身边人宣传环保理念,让更多的人加入到保护环境的行列中来。这样的活动,对于培养公众的环保意识、推动社会的绿色发展具有重要意义。

二、社区环保活动

(一)长春市红旗街道全国生态日知识科普活动

1. 举办方式

在长春市红旗街道，一场别开生面的全国生态日知识科普活动正如火如荼地进行着。柳树社区、柳韵社区、柳溪社区、柳御社区的新时代文明实践站携手合作，以生态知识讲解、发放宣传资料、趣味游戏等多样化的形式，向社区居民广泛传播节能降碳、绿色环保、垃圾分类等生态知识。活动中，专业讲师用通俗易懂的语言，深入浅出地讲解生态环保的重要性，让居民们在轻松愉快的氛围中学习到环保知识。同时，趣味游戏的设置更是激发了居民们的参与热情，让他们在游戏中加深对环保知识的理解和记忆。宣传资料的发放则让居民们能够将环保知识带回家，与家人共同分享和学习。

2. 活动成效

全国生态日知识科普活动，不仅普及了环保知识，更重要的是引导广大群众树立了生态环境保护的理念，增强了他们的环保意识。通过活动的举办，营造了人人参与生态环境保护的浓厚氛围，让居民深刻认识到保护环境是每个人的责任和义务。这样的活动，对于推动生态文明建设、实现绿色发展具有重要意义，也为构建美丽和谐社区奠定了坚实的基础。

(二)江苏省海安市泰宁村世界环境日主题活动

1. 开展内容

在江苏省海安市泰宁村，一场以"保护环境，我是行动者!"为主题的世界环境日主题活动正在热烈展开。泰宁村新时代文明实践站、团总支精心组织，邀请了环保志愿者和"河小青"志愿者们共同参与。活动中，环保志愿者们深入田间地头，向正在劳作的村民们宣传保护环境的重要性，传授环保知识和技能。而"河小青"志愿者们则沿着河流进行巡查,仔细查看河流水质状况,并动手清理河道垃圾,用实际行动践行保护环境的承诺。而村民们被志愿者们的热情所感染,纷纷加入保护环境的行列中来。他们有的拿起扫帚清扫街道,有的拿起垃圾袋捡拾垃圾,还有的自发组织起环保宣传小队,向更多的人传递环保理念。整个活动现场热闹非凡,充满了积极向上的氛围。

2.活动成效

世界环境日主题活动,不仅用实际行动诠释了保护环境的环保理念,更在辖区掀起了"保护环境,人人有责"的热潮。通过活动的举办,增强了村民们的环保意识和责任感,让他们深刻认识到保护环境是每个人的责任和使命。同时,活动也促进了村民之间的交流和合作,增强了社区的凝聚力和向心力。这样的活动,对于推动乡村生态文明建设、实现乡村振兴具有重要意义,也为构建美丽宜居乡村贡献了力量。

三、公众环保参与项目

(一)厦门市湖里区绿水守护者生态环保中心项目

1.参与方式

厦门市湖里区的"绿水守护者"生态环保中心项目,以其独特的参与方式,汇聚了广泛的社会力量。该项目依托厦门大学嘉庚学院环境学院的专业背景,构建了一个多元化的环保平台。核心团队由教师组成,他们不仅具备深厚的专业知识,更怀揣着对环保事业的无限热忱。通过拓宽渠道、组织活动,项目成功招募了2 000多名志愿者,并开展了120多场环保实践活动,影响范围超过百万人。从探究环境问题到提出解决方案,从动员社会力量到引导公众参与,绿水守护者始终站在环保事业的前沿,成为政府环境治理的得力助手和公众参与环保行动的引领者。在项目的推动下,志愿者们深入社区、学校、企业,开展了一系列富有成效的环保活动。他们不仅传播了环保知识,更激发了公众对环保事业的热情和参与度。通过实地考察、讲座、研讨会等多种形式,绿水守护者让公众更加直观地了解了环境问题的严峻性,也让他们意识到了自己在环保事业中的责任和使命。

2.活动成效

绿水守护者生态环保中心项目的实施,取得了显著的成效。它不仅有效增强了公众的生态文明意识,更探索出了一条具有鲜明环保社会组织特色的实践途径。通过项目的推动,公众对环保问题的关注度显著提高,环保行动也变得更加自觉和主动。同时,项目还促进了企业、社会组织和公众之间的有效合作,共同推动了环保事业的发展。绿水守护者的成功经验,为其他地区的环保社会组织提供了宝贵的借鉴和启示。

(二)中国科学院华南植物园(广东省广州市)系列科普活动

1.组织方式

中国科学院华南植物园凭借其丰富的生物资源和专业的科研团队,组织了一系列别开生面的科普活动。这些活动不仅涵盖了濒危植物的实地观察、引种保育的生动讲解,还包括了种植体验、科学小实验等互动环节。以紫纹兜兰等濒危植物为例,工作人员带领公众近距离观察这些珍稀物种,讲述它们的引种、保育及野外回归的感人故事。同时,以走马胎为研究对象,公众可以亲身体验种植的乐趣,感受生命的奇妙。此外,围绕"岭南佳果:荔枝"这一主题,植物园还组织了讲座和科学小实验,让公众在品尝美味的同时,了解荔枝的种植历史和文化内涵。特别值得一提的是,"兰科植物保育与利用"活动,让公众有机会深入探究兰科植物的生境、形态特征及其独特的生活习性。而与广东省博物馆共同组织的"从树脂到琥珀——自然探索活动",则通过建立少年儿童与树脂、琥珀之间的密切联系,激发了他们对自然科学的浓厚兴趣。

2.活动成效

这一系列科普活动的举办,取得了显著的成效。它不仅扩大了公众对生物种质资源的了解,提高了公众对生物多样性保护的认识,更激发了公众探索自然的兴趣和热情。通过参与活动,公众的科学素养和技能得到了显著提升,他们学会了如何观察、分析和解决科学问题,也学会了如何更好地保护我们共同的地球家园。同时,这些活动还促进了公众与科研机构之间的交流与合作,为科普教育的深入发展奠定了坚实的基础。

第四节 媒体与环境信息传播

一、建立稳定、可靠、有吸引力的新媒体宣传平台

(一)构建多元化新媒体宣传矩阵

在数字化时代,为了更有效地传递生态环境新闻与信息,需构建一个涵盖社交网络、公众号、视频平台等多元化的新媒体宣传矩阵。这些平台各具特色,能够吸引不同年龄段和兴趣偏好的受众。社交网络如微博、抖音等,以其广泛的用户基础和即时的互动性,成为发布快讯、短视频的理想选择。公众号则适合发布深度文章,为公众提供更为详尽的生态环境知识。而视频平台如B站、优酷等,则可通过纪录片、访谈等形式,生动展现生态环保的实践与成果。通过这一矩阵,我们能够全方位、多角度地展示生态环境领域的最新动态,提升公众的关注度和参与度。

(二)打造权威互动新媒体平台

应致力于打造具有权威性和互动性的新媒体平台,而新闻客户端和官方网站作为传统媒体的延伸,应坚守新闻真实性原则,及时发布权威、准确的生态环境新闻。同时,这些平台也应注重互动性,通过设置评论区、问答板块等方式,鼓励公众发表意见、提出建议。此外,还可以利用大数据和人工智能技术,分析公众的关注点和需求,为公众提供更加个性化、精准的内容服务。通过不断优化平台功能和内容,不仅能够增强公众的生态环境意识,还能促进相

关部门与公众之间的有效沟通,共同推动生态环境保护事业的发展。

二、制作优质、有吸引力的宣传内容

(一)图文并茂

在生态环境信息的传播中,图文并茂的表达方式无疑是最具直观性和形象性的。一张生动的图片,能够瞬间抓住观众的眼球,将复杂的生态环境问题以直观的方式呈现出来。例如,通过对比过去与现在的森林覆盖图,观众可以一目了然地看到森林砍伐的严重性,从而激发保护环境的紧迫感。图表则能够更精确地展示数据,如空气质量指数的变化趋势、不同地区的垃圾处理量等,这些数据以图表形式展现,既清晰又易于理解。图文并茂的宣传内容,不仅让生态环境信息更加生动有趣,也大大提高了信息的传播效率和受众的接受度。通过精心挑选的图片和图表,我们能够构建出一个既真实又引人入胜的生态环境画卷,让观众在欣赏中增长知识,在震撼中萌发行动。

(二)内容简洁明了

生态环境信息的传播,不应成为专业人士之间的"独白",而应成为全民共享的"对话"。为了实现这一目标,内容的简洁明了至关重要。我们应当避免使用晦涩难懂的专业术语,转而采用通俗易懂的语言,让每一个普通人都能够轻松理解生态环境问题的本质和紧迫性。比如,用"蓝天白云"来形象描述空气质量的好坏,用"垃圾分类小能手"来鼓励大家参与垃圾分类。同时,信息的呈现要简短精练,避免冗长和复杂的表述,确保每一条信息都能直击要害,让受众在短时间内就能获取到核心内容。这样的宣传内容,不仅降低了理解门槛,也提高了信息的传播速度和广度,让生态环境信息真正触手可及。

(三)故事化呈现

故事,是人类共通的语言,它能够跨越文化、年龄和地域的界限,触动人心最柔软的部分。在生态环境信息的宣传中,我们应当善于运用故事化的手法,将抽象的生态环境问题转化为具体可感的情节和人物。比如,讲述一个因环境污染而失去家园的小鸟,如何在人们的帮助下重新找到栖息地的故事,或者是一个普通农民,如何通过自己的努力,将一片荒芜的土地变成了生机勃勃的绿色果园。这些故事不仅能够增强宣传内容的吸引力和感染力,还能够让观众在情感上产生共鸣,从而更加深刻地认识到保护生态环境的重要性。故事化的呈现方式,让生态环境信息不再是冷冰冰的数据和报告,而是有血有肉、有情感有温度的故事,更容易激发公众的环保意识和行动。

(四)结合热点话题

在当今信息爆炸的时代,热点话题往往能够迅速吸引公众的注意力,将生态环境信息与热点话题相结合,是提升宣传效果的有效途径。比如,利用气候变化这一全球关注的热点话题,我们可以制作关于极端天气事件与气候变化关系的宣传内容,让公众了解到气候变化对日常生活的影响;或者结合环境污染事件,探讨如何减少污染、保护环境的实际措施。结合热点话题的宣传内容,不仅能够吸引更多受众的关注,还能够将生态环境问题置于更广阔的社会背景中,引导公众从更深层次上思考和解决环境问题。同时,这也能够促使政府部门和企业更加重视生态环境问题,推动相关政策的制定和实施。通过与时俱进地结合热点话题,我们能够让生态环境信息更加贴近公众的生活,更加具有时代感和现实意义。

三、加强与受众的互动交流

(一)留言回复

在新媒体平台上,留言回复是加强与受众互动交流的重要一环。通过设置留言区,不仅为受众提供了一个表达观点和疑问的空间,也为信息传播者提供了一个倾听民众声音、解答民众疑惑的窗口。每当一篇关于生态环境的文章或报道发布后,鼓励受众在留言区留下自己的看法、感受或疑问,这不仅能够增加文章的互动性和参与度,还能够让信息传播者及时了解受众的反应和需求。对于受众的每一条留言,无论是赞美还是批评,是疑问还是建议,都应当给予积极、及时的回复。这种双向沟通的方式,不仅能够增强受众的参与感和归属感,还能够促进生态环境信息的深入传播和广泛讨论,形成全社会共同关注、共同参与的良好氛围。

(二)举办线上活动

线上活动以其形式多样、参与便捷的特点,成为吸引受众参与生态环境宣传教育的有效手段。通过策划和组织线上问答、投票、抽奖等活动,不仅能够增强生态环境信息的趣味性和互动性,还能够激发公众的环保热情和参与意愿。例如,可以围绕某个生态环境主题,设计一系列有趣的问题,邀请受众参与问答,并根据答题情况给予奖励,或者发起一项关于环保行为的投票活动,让受众在参与中了解环保知识,形成正确的环保观念。这些活动不仅能够吸引大量受众的关注和参与,还能够通过社交媒体等渠道进行广泛传播,扩大生态环境信息的影响力。通过线上活动的趣味互动,我们能够将环保理念以更加轻松、愉快的方式传递给公众,让环保成为一种时尚、一种潮流。

(三)开展互动课程

在线讲座、互动式研讨会等互动性强的生态环境课程,是深化公众对生态环境认知与理解的重要途径。通过开设这些课程,不仅能够为受众提供系统、全面的生态环境知识,还能够通过互动环节激发受众的思考和讨论。例如,可以邀请环保专家或学者在线讲解生态环境问题的成因、危害及解决方案,或者组织受众参与互动式研讨会,就某个具体的生态环境问题进行深入探讨和交流。这些课程不仅能够满足受众对生态环境知识的需求,还能够通过互动环节促进受众之间的思想碰撞和观点交流,形成更加深入、全面的认知。通过开展互动课程,能够培养受众的环保意识和责任感,推动他们成为生态环境保护的积极参与者和推动者。

参 考 文 献

[1] 吕怡兵,张惠才.生态环境监测机构资质认定评审典型案例解析[M].北京:中国环境出版集团,2022.

[2] 陈威,孟庆庆.生态环境监测实验室分析质量保证技术规定[M].北京:中国环境出版集团,2021.

[3] 李军栋,李爱兵,呼东峰.水文地质勘查与生态环境监测[M].汕头:汕头大学出版社,2021.

[4] 唐婧,刘译阳,赵月.流域水生态环境承载力监测技术 环境科学[M].北京:化学工业出版社,2023.

[5] 刘捷.广西生态环境监测发展与改革研究[M].南宁:广西科学技术出版社,2020.

[6] 李向东.环境监测与生态环境保护[M].北京:北京工业大学出版社,2022.

[7] 陈劲松,郭善昕.海岸带生态环境变化遥感监测[M].北京:科学出版社,2020.

[8] 李文攀,陈耀祖.生态流量监测技术[M].北京:中国环境出版集团,2021.

[9] 袁家虎,黄昱,封雷,等.水生态环境在线感知仪器[M].北京:科学出版社,2021.

[10] 张效伟,等.环境 DNA 生物监测理论与方法 生物科学[M].北京:科学出版社,2023.

[11] 郭雪莲.湿地生态监测与评价[M].北京:中国林业出版社·教育分社,2020.

[12] 祖艳群,李元.环境土壤生态综合实验教程 环境科学[M].北京:中国环

境出版集团,2022.

[13]塔贝莱,博南,青格尔,等.基于环境DNA的生物多样性研究和监测 生物科学[M].陈桥,张翔,李罂,等译.北京:科学出版社,2023.

[14]杜小勇.数据科学与大数据技术导论[M].北京:人民邮电出版社,2021.

[15]李昆仑,熊婷,李小玲,等.大数据导论[M].北京:清华大学出版社,2022.

[16]周庆国,雍宾宾.人工智能技术基础[M].北京:人民邮电出版社,2021.

[17]程显毅.大数据技术导论[M].北京:机械工业出版社,2022.

[18]安俊秀,靳思安,黄萍,等.云计算与大数据技术应用[M].北京:机械工业出版社,2022.

[19]马谦伟,赵鑫,郭世龙.大数据技术与应用研究[M].长春:吉林摄影出版社,2022.

[20]江兆银.大数据技术与应用研究[M].西安:陕西科学技术出版社,2022.

[21]郭畅.大数据技术[M].北京:中国商业出版社,2022.

[22]唐九阳.大数据技术基础[M].北京:高等教育出版社,2022.

[23]张寺宁.大数据技术导论[M].西安:西安电子科技大学出版社,2021.

[24]陈树广.大数据技术与应用基础教程[M].北京:中国财政经济出版社,2021.

[25]李建敦.大数据技术与应用导论[M].北京:机械工业出版社,2021.

[26]朱其立.大数据技术原理及应用[M].上海:上海财经大学出版社,2021.

[27]郑未,唐友钢.大数据技术应用[M].北京:电子工业出版社,2021.

[28]王志.大数据技术基础[M].武汉:华中科技大学出版社,2021.

[29]李春芳,石民勇.大数据技术导论[M].北京:中国传媒大学出版社,2021.

[30]张晓云,秦界.人工智能技术基础及应用[M].郑州:黄河水利出版社,2022.